徐 涛 ◎ 主编

水产养殖业
绿色发展参考手册
——山东省科研创新成果与绿色发展实践

U0273052

中国农业出版社

农村读物出版社

北京

编 委 会

主　编　徐　涛
副主编　张焕君　倪乐海
参　编（以姓氏笔画排序）

王　冲	王　慧	王　德	王子峰
王玉先	王淑生	平晓涛	任贻超
刘　朋	刘　峰	刘永胜	刘志国
刘缵延	李会明	李建立	杨凤香
时彦民	吴蒙蒙	宋爱环	张秀江
张陆阳	陈丽竹	范艳君	郑润玲
类咏梅	费云乐	袁　宇	董红盼
戴一琰			

序

山东是渔业大省，水产养殖面积近 80 万 hm²，养殖产量和产值均居全国前列。近年来，山东省委、省政府深入贯彻习近平总书记视察山东重要讲话和重要指示精神以及关于更加注重经略海洋的重要论述，大力推进乡村振兴和海洋强省战略实施，全省水产养殖业保持着良好发展态势，多主体参与、多要素集聚、多模式创制、多业态呈现和多机制保障成为产业发展的显著特征。水产养殖业在稳产保供、渔业碳汇和渔民增收等方面的社会功能愈发突出，为乡村振兴和渔业经济发展做出了积极贡献。

进入新时代，树立新发展理念，坚持高质量发展、绿色发展成为全社会共识。水产养殖业绿色发展正处在一个新的起点上。2019 年，经国务院同意，农业农村部、生态环境部等 10 部委发布《关于加快推进水产养殖业绿色发展的若干意见》（农渔发〔2019〕1 号），对水产养殖业绿色发展进行规划部署。经省政府同意，山东省农业农村厅等 12 部门联合印发《山东省加快推进水产养殖业绿色发展实施方案》（鲁农渔字〔2019〕43 号），推进水产养殖业绿色发展进入新阶段。

推动水产养殖业绿色发展，渔业科技是基础、是保障、是助推器。当前，山东水产养殖业发展处于转型升级、提质增效的关键期和攻坚期。围绕省委、省政府《山东省乡村振兴战略规划》（2018—2022 年）打造齐鲁样板和走在前列的目标定位，实现渔村振兴，必须强化科技支撑，示范引领，构建水产养殖业绿色发展的产业体系、经营体系、创新体系和保障体系。

本书以推动山东省水产养殖业绿色发展为导向，顺应渔业一二三产融合发展及新旧动能转换的实践需要，系统整理了全省 16 家涉渔高校院所和 55 家重点企业的科技创新成果与绿色实践案例，共涉及 28 个渔业养殖新品种，72 项养殖新技术，20 个新产品和 6 项养殖新模式，总结提炼了 56 个绿色养殖经典案例，覆盖面广，具有较强的针对性、指导性和实践性，是一部较实用的水产养殖实践指导用书。

相信本书的出版将对提升山东省水产养殖科学化水平，推进水产养殖业提档升级，促进渔业绿色高质量发展起到积极的作用。

山东省农业农村厅副厅长

2020 年 1 月

前言

　　水产养殖是山东省重要的经济产业，不仅在保障城乡市场水产品供应、丰富菜篮子工程中起到了积极的作用，更是在社会经济发展和农渔民增收中扮演着重要角色。在新的历史时期，水产养殖业发展面临新的形势，既是挑战，又是机遇，牢固树立绿色发展理念，促进产业转型升级，实现水产养殖绿色高质量发展成为水产科技工作者义不容辞的责任。

　　为深入贯彻落实 2020 年中央 1 号文件作出的"推进水产绿色健康养殖"重要部署和《关于加快推进水产养殖业绿色发展的若干意见》《关于实施 2020 年水产绿色健康养殖"五大行动"的通知》等有关工作要求，进一步推动水产养殖业绿色发展，努力促进渔业提档升级，我们组织编写了本书。

　　本书以推动山东省水产养殖业绿色发展为导向，顺应渔业一二三产融合发展及新旧动能转换的实践需要，系统整理了涉渔高校院所、重点企业的科技创新成果，包括渔业养殖新品种、养殖新技术、养殖新模式和新产品。此外，还总结提炼了山东省各地的绿色实践案例，供广大水产养殖从业者参考。

由于编者水平有限，书中难免有不妥之处，敬请批评指正。

编　者

2020 年 1 月

目 录

第一部分

科技创新成果

一、新品种

牙鲆"鲆优2号"

在建立的450多个牙鲆家系以及筛选到的抗迟缓爱德华氏菌病家系和不抗病家系的基础上，构建了牙鲆抗病基因组选择育种参考群体，通过对参考群体进行基因组重测序，获得大量SNP位点，采用数量遗传学方法计算各SNP位点的遗传效应，预测不同个体的基因组育种值（GEBV），通过家系选育结合GEBV值评价，分别选育出快速生长品系和抗迟缓爱德华氏菌病家系，将这2个品系进行杂交，从而培育出抗迟缓爱德华氏菌病能力强、生长较快的牙鲆新品种——"鲆优2号"牙鲆，品种登记号：GS-02-005-2016。该新品种具有以下特点：①生长速度快，"鲆优2号"牙鲆比普通牙鲆生长快14%～24.6%，平均快20.46%。②抗病能力强，感染迟缓爱德华氏菌后"鲆优2号"鱼苗的平均存活率为81%，比对照组成活率（48%）高33%。③养殖成活率高，"鲆优2号"牙鲆的养殖成活率比对照牙鲆提高13%～25%，平均高21.98%。

近年来向山东、辽宁、河北、天津等地区育苗和养殖企业推广"鲆优2号"新品种78 000尾和受精卵6kg。在日照市海洋水产资源增殖有限公司养殖效果表明，与未经选育的牙鲆相比，18月龄"鲆优2号"牙鲆生长速度平均提高20%，成活率平均提高20%。根据"鲆优2号"牙鲆的品种特点，该品种的应用范围可覆盖辽宁、山东、河北、福建等牙鲆养殖主产区；在养殖模式上可适应工厂化循环水养殖、工厂化流水养殖、池塘养殖等多种不同养殖形式。

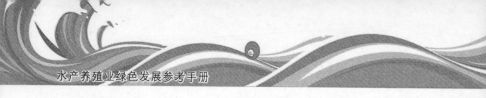

联系人：中国水产科学研究院黄海水产研究所　陈松林　联系电话：13964865527

斑点叉尾鮰"江丰1号"

斑点叉尾鮰又称美洲鮰、沟鮰，原产于美国，具有适应性强、生长快、肉质鲜美等特点，尤其适合工业化加工生产。针对我国斑点叉尾鮰养殖过程中种质性能退化等问题，2007年由江苏省淡水水产研究所联合全国水产技术推广总站和中国水产科学研究院黄海水产研究所开展斑点叉尾鮰选育工作，经过6年的选育，成功选育出斑点叉尾鮰新品种"江丰1号"。

"江丰1号"是以斑点叉尾鮰2001密西西比选育系为母本，2003阿肯色选育系为父本，杂交生产的杂交一代。其中，2001密西西比选育系是2001年从美国密西西比州引进，经群体、家系选育技术选育后构建的群体；2003阿肯色选育系是2003年从美国阿肯色州引进，经群体、家系选育技术选育后构建的群体。

斑点叉尾鮰"江丰1号"生长快，群体规格整齐，生长速度比双亲平均水平快22.1%，比普通斑点叉尾鮰快25.3%；个体间生长差异性小，生长同步性较好。斑点叉尾鮰"江丰1号"可在全国范围内人工可控的淡水水体中进行池塘、网箱养殖，不宜投放于自然水域。养殖池塘水质要求清新、无污染。生长适宜水温15~34℃。

斑点叉尾鮰"江丰1号"在主养地区江苏省和湖北省，良种覆

盖率达 15%，养殖成功率达 95%，近 3 年共扩繁良种鱼苗 4.42 亿尾，推广养殖 14 733hm²，近 3 年新增销售额 23.42 亿元，新增利润 6.76 亿元。

联系人：中国水产科学研究院黄海水产研究所 孔杰 联系电话：13605426806

中国对虾"黄海 2 号"

以中国对虾"黄海 1 号"与"即抗 98"2 个养殖群体，朝鲜半岛南海群体、乳山湾群体、青岛沿岸群体及海州湾群体 4 个自然群体建立育种基础群体。设计并建立了中国对虾多性状复合育种技术，选育的目标性状为生长速度、白斑综合征病毒感染后的存活时间及养殖存活率。选育 4 代后，平均每代的生长速度提高 13.56%，抗病力提高 6.76%，存活率提高 5.05%。培育的新品种中国对虾"黄海 2 号"于 2009 年通过全国水产原良种委员会审定，可在适合中国对虾的养殖区进行推广养殖。

依据中国对虾"黄海 2 号"的特点，以现行养殖技术为主，重点突出了病害防控和大规格虾生产两项内容。前者的主要措施包括养殖前期的清淤除害、生物防病等，后者包括天然（基础）饵料培育、养殖密度控制等。山东主要养殖模式为生态养殖和单养；河北主要养殖模式为单养；辽宁主要养殖模式为精养（每 666.7m² 放苗10 万～12 万尾）和混养；江苏主要养殖模式为单养和混养；福建和浙江主要养殖模式为混养。

中国对虾"黄海 2 号"已在我国山东、天津、河北、江苏等沿海地区推广应用，表现出优良的生长和抗病性能，在多数的生产实验池中表现不发病、病情晚、病情轻，养殖池存活率达到 60% 以上，并且苗种养殖成功率一年比一年高。在主养地区，河北良种覆盖率达 65% 以上，辽宁良种覆盖率达 75% 以上，养殖成功率达95%，病害发病率在 5% 以下。近 3 年累计生产苗种 17.2 亿尾，推广养殖面积 28 667hm²，新增销售额 29.64 亿元，新增利润13.34 亿元。

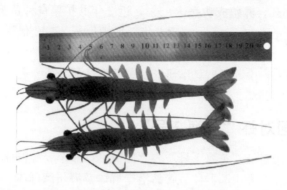

联系人：中国水产科学研究院黄海水产研究所　孔杰　联系电话：13605426806

中国对虾"黄海5号"

自2009年开始，以中国对虾"黄海2号"育种核心群体、海阳市附近海域的黄海群体、日照市附近海域的海州湾群体以及朝鲜半岛西海岸群体4个群体为基础群体，以白斑综合征病毒（White spot syndrome virus，WSSV）抗性、生长速度和养殖存活率为育种目标性状，采用多性状选择育种技术，经连续8年培育而成。

主要优点：同等条件下，中国对虾"黄海5号"WSSV抗性强、生长速度快，具有明显的抗病性，表现为不发病、染病后死亡慢等特点；驯化特征明显，中国对虾"黄海5号"游动慢、不易受惊、养殖存活率高。

与对照苗种相比，中国对虾"黄海5号"选育苗种WSSV抗性提高30.10%，生长速度提高32.05%，养殖存活率提高13.51%。该品种适合在浙江、江苏、山东、河北、天津及辽宁等对虾海水养殖区养殖，生长、存活优势明显，适合培育大规格、健康商品虾。

2018年共繁育苗种2.05亿尾，推广养殖面积3 867hm²。2019年共繁育苗种1.71亿尾，推广养殖面积3 260hm²。

联系人：中国水产科学研究院黄海水产研究所　孔杰　联系电话：13605426806

凡纳滨对虾"广泰 1 号"

凡纳滨对虾"广泰 1 号"（品种登记号：GS-01-003-2016），该品种是中国科学院海洋研究所联合国内相关单位，运用品系繁育和配套系育种理论，历经 7 个世代连续培育，获得快长系、高存活/高繁系、高存活/快长系和高繁系 4 个具有典型性状特征的专门化品系后，利用四系配套技术培育出的兼具生长速度快、成活率高的凡纳滨对虾新品种。该品种适合在全国各地人工可控的海水及咸淡水水体中养殖，在南北方养殖地区具有广阔的推广应用前景。

联系人：中国科学院海洋研究所　于洋　联系电话：15964923736

凡纳滨对虾"科海 1 号"

凡纳滨对虾"科海 1 号"（品种登记号：GS-01-006-2010），该品种是从海南和广东等地的 14 个养殖基地收集的由夏威夷引进并繁养 4 代的凡纳滨对虾养殖群体构建的育种基础群体，以生长速度为主要选育指标，经 7 代连续选育获得的新品种。该品种具有以下特点：①生长速度快，适合高密度养殖。在每 666.7m² 放养密度分别为 8 万、10 万、12 万、14 万尾的情况下，相比未经选育苗种生长速度平均增幅分别为 12.6%、23.6%、25.7% 和 41.7%。②综合抗逆性强，孵化率与育苗成活率高；养殖过程中排塘率低；适合高密度养殖，耗底现象少。③群体遗传特性稳定。通过连续对 $P_4 \sim P_6$ 三个世代随机抽取的 40 个家系 3 月龄的测量数据进行分析，结果表明：P_4 代的体长变异系数为 10.6%，养殖成活率为 66.4%；P_5 代的体长变异系数为 7.3%，养殖成活率 71.5%；P_6 代的体长变异系数为 6.6%，养殖成活率 79.1%。该品种适宜在我国海水及咸淡水水域进行高密度养殖。

联系人：中国科学院海洋研究所　于洋　联系电话：15964923736

凡纳滨对虾"壬海 1 号"

凡纳滨对虾"壬海 1 号"是以 2011 年引进的凡纳滨对虾美国迈阿密群体和夏威夷瓦湖岛群体为基础，经连续 4 代选育和杂交测试，从 2 个群体中分别筛选出母本选育系和父本选育系，从选育系中选择优良家系，杂交制种产生的新品种。生长适宜水温为 25～32℃，适宜盐度范围广，养殖周期短，成虾规格整齐。在相同养殖条件下，160 日龄虾的平均体重比进口一代苗提高 21%，养殖成活率提高 13% 以上。

各养殖区开展的示范养殖推广不同程度地显示出凡纳滨对虾新

品种"壬海1号"具有生长速度快、成虾规格均一，养成存活率高且稳定的特点，获得良好的养殖效果，产生了较高的经济效益。

部分示范养殖区的养殖概况如下：在河北、天津和广东等地的养殖形式以池塘为主，从虾苗（1cm）开始养至商品虾规格（14～16g/尾）。经3个月养殖后，湛江高位池养殖模式每666.7m²产量800kg以上，存活率达60%以上；北方大水面中低密度养殖模式每666.7m²产量205～279kg，存活率为41%～48%。与一般商品苗种对比，凡纳滨对虾"壬海1号"增产20%～28%，存活率提高10%～18%。河北示范点共养殖凡纳滨对虾110hm²，推广养殖848hm²，通过随机采样，测量对虾平均体重22.6g，对虾健康无外伤，每666.7m²产量达600kg。

联系人：中国水产科学研究院黄海水产研究所 孔杰 联系电话：13605426806

凡纳滨对虾"海兴农2号"

针对当前市场对生长速度快、抗逆性强的凡纳滨对虾新品种的需求量不断提高的情况，广东海兴农集团有限公司、广东海大集团股份有限公司、中山大学、中国水产科学研究院黄海水产研究所联合选育出新品种凡纳滨对虾"海兴农2号"。该品种利用从美国夏威夷、佛罗里达、关岛和新加坡等地区引进的8个亲虾群体，以生长速度和成活率为选育目标，采用BLUP技术经连续5代选育而成。

主要优点：生长速度快，养殖100日龄平均规格达12g以上，较未选育凡纳滨对虾生长快 20％以上，较进口一代虾生长快 10％～15％、成活率高 16.7％～30.8％；抗逆性强，养殖成活率相比市场商品虾苗高 13.8％以上。

在广东、广西、福建和浙江等凡纳滨对虾主养地区连续 2 年的中试对比养殖结果表明，在相同养殖管理条件下，"海兴农 2 号"平均成活率达到 60.0％～85.3％，每 666.7m² 平均产量达到 250～500kg，相比对照的商品虾苗，"海兴农 2 号"增产幅度在 10％～30％。

联系人：中国水产科学研究院黄海水产研究所　孔杰　联系电话：13605426806

脊尾白虾"科苏红 1 号"

脊尾白虾"科苏红 1 号"（品种登记号：GS-01-004-2017），该品种由中国科学院海洋研究所联合国内相关单位联合培育，历时 5 年选育获得。该品种以江苏启东沿海脊尾白虾养殖池塘中发现的体色突变为红色的个体作为亲本，采用群体选育技术，经连续 4 代选育而成。该品种表皮和肌肉均为红色，富含类胡萝卜素和虾青素，在相同养殖条件下，与未经选育的脊尾白虾相比，其体色经三文鱼肉色标准比色尺测量的色度值平均在 30 以上。该品种主要优势有三个：一是通体红色，富含总类胡萝卜素及虾青素，为高营养价值、高附加值的养殖新品种；二是低氧耐受性高，抗逆能力显著加强；三是市场接受度好，适宜在全国各地人工可控的海水和咸淡水地区养殖。

联系人：中国科学院海洋研究所　张成松　联系电话：13589388025

脊尾白虾"黄育1号"

本品种以野生脊尾白虾为基础群体，采用群体选育方法，经连续6代选育，获得快速生长的脊尾白虾新品种"黄育1号"。该品种的主要特点有：①生长速度快，收获时平均体长较野生型对照提高12.62%，平均体重较野生型对照提高18.40%；②整齐度高，体长变异系数<5%。

2014—2016年，脊尾白虾"黄育1号"新品种分别在江苏南通以及山东日照东港区和东营利津地区进行了中试养殖，中试期间累计养殖面积292hm²，每666.7m²平均产量达75kg以上，新增产值1 200

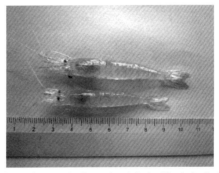

多万元，取得了良好的中试养殖效果，为当地脊尾白虾养殖产业带来显著的经济效益。2019年脊尾白虾"黄育1号"在宁夏石嘴山市内陆硫酸盐型盐碱水试养成功，对有效利用盐碱水域资源、拓展水

产养殖新空间具有重要意义。

联系人：中国水产科学研究院黄海水产研究所　李健　联系电话：13706427705

罗氏沼虾"南太湖2号"

罗氏沼虾"南太湖2号"是以2002年从缅甸引进的罗氏沼虾群体后代、浙江省1976年引进的群体（日本群体）和广西1976年引进的群体（日本群体）后代作为基础群体，采用巢式交配方法建立家系，应用标记技术对100多个家系进行同塘生长测试，以生长速度和成活率为目标性状，经连续4代选育得到的新品种。

生长对比测试结果显示，罗氏沼虾"南太湖2号"选育群体平均个体增重比市售苗种提高36.87%，养殖成活率提高7.76%。在同等条件下，选育群体生长速度快，可提早起捕；生长的同步性较好；商品虾加工虾仁的出肉率也高。

江苏、浙江、上海的大塘试验表明，以锅炉增温提早放养苗种、分批起捕的销售模式，相对于其他商品苗种的成活率来说，罗氏沼虾"南太湖2号"苗种出大棚的成活率为60%～80%，比其他商品苗种提高10%以上；首批起捕销售时间可提早5～7d，每666.7m² 平均产量400～450kg，每666.7m² 经济效益可达3 000元以上。

罗氏沼虾"南太湖2号"对外供应种育苗企业累计达21家，在主养地区江苏省和浙江省，罗氏沼虾"南太湖2号"的良种覆盖率达30%以上，近3年共扩繁良种虾苗209亿尾，推广面积达20 667hm²，新增销售额50.51亿元，新增利润15.42亿元。

联系人：中国水产科学研究院黄海水产研究所　孔杰　联系电话：13605426806

三疣梭子蟹"黄选1号"

针对三疣梭子蟹养殖过程中出现的生长速度缓慢、养殖成活率低等问题，从优良种质出发，培育具有生长速度快、养殖成活率高的三疣梭子蟹新品种。2005年中国水产科学研究院黄海水产研究所收集我国沿海4个地理群体三疣梭子蟹，进行遗传结构分析、遗传参数评估，建立基础群体。2006年从基础群体中选择个体大、活力强、健康交尾雌蟹构建育种核心群体，以生长速度为选育指标，进行群体选育。核心群体每年进行1代选育，每代5%左右的留种率，至2010年连续进行了5代群体选育，形成了特征明显、性状稳定的新品种三疣梭子蟹"黄选1号"。该新品种收获时平均体重提高20.12%，养殖成活率提高32.00%，全甲宽变异系数小于5%，整齐度高。

2012年该品种通过全国水产原种和良种审定委员会审定（品种登记号：GS-01-002-2012）。近年来累计推广三疣梭子蟹"黄选1号"亲蟹4 000余只，苗种1.5亿余只，辐射到山东潍坊、日照、青岛、烟台，河北沧州、唐山，江苏连云港、南通以及浙江宁波等三疣梭子蟹主养区，推广养殖面积13 333hm²，平均单产提高20%以上，获得了较显著的经济效益和社会效益。由于其良好生产性能，2014—2016年被农业部渔业渔政管理局遴选为全国水产主导品种。

联系人：中国水产科学研究院黄海水产研究所　刘萍　联系电话：13780624988

长牡蛎"海大1号"

长牡蛎"海大1号"是我国培育的第一个牡蛎新品种，填补了我国牡蛎良种培育的空白。长牡蛎"海大1号"以山东乳山海区自然采苗养殖的长牡蛎为基础群体，采用有效繁殖亲本数量控制、选育群体世代遗传参数与选择效应评估以及选育世代遗传多样性监测等多项关键技术，经连续 6 代培育而成。该新品种具有生长速度快、壳形规则等特性，在山东、辽宁、江苏等地养殖面积超过 13 333hm²。

 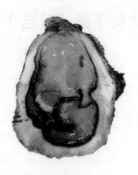

外部形态　　　　　　内部形态

生活状态

联系人：中国海洋大学　孔令锋　联系电话：13708954018

长牡蛎"海大 2 号"

长牡蛎"海大 2 号"是在长牡蛎"海大 1 号"的基础上培育的长牡蛎第二个新品种。长牡蛎"海大 2 号"以金黄壳色和生长速度作为选育目标性状，采用家系选育和群体选育相结合的混合选育技术，辅以分子标记辅助育种，经过 4 代培育而成。该新品种体重和出肉率可分别提高 38％和 25％以上，左右壳和外套膜均为色泽亮丽的金黄色（养殖户喜称"金牡蛎""金蚝"）。该品种在北方沿海示范养殖，深受育苗企业和广大养殖户的喜爱，大大提高了我国养殖牡蛎的品质和档次。

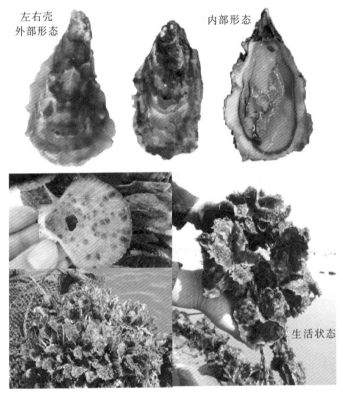

左右壳外部形态　内部形态　生活状态

联系人：中国海洋大学　孔令锋　联系电话：13708954018

长牡蛎"海大3号"

　　长牡蛎"海大3号"是以2010年从山东沿海长牡蛎野生群体中筛选出的左壳为黑色的个体为基础群体，以壳黑色和生长速度为目标性状，采用家系选育和群体选育相结合的混合选育技术，经连续6代选育而成。在相同养殖条件下，与未经选育的长牡蛎相比，10月龄贝壳高平均提高32.9%，软体部重平均提高64.5%，左右壳和外套膜均为黑色，黑色性状比例达100%。适宜在山东和辽宁人工可控的海水水体中养殖。

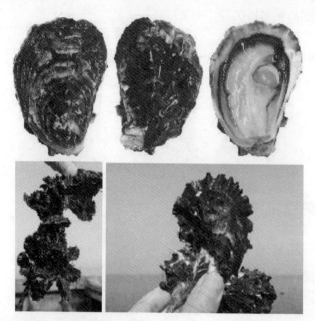

联系人：中国海洋大学　孔令锋　联系电话：13708954018

栉孔扇贝"蓬莱红"系列

良种的主要特点是高产抗逆、壳色鲜红。"蓬莱红 2 号"是国际上第一个采用全基因组选择育种技术育成的水产良种，每 $666.7m^2$ 平均增产 53.5%，成活率提高 27.1%。

虾夷扇贝"海大金贝"

国际上第一个品质改良的贝类品种，闭壳肌（肉柱）橘红色，富含类胡萝卜素，平均增产 20.0%～30.0%，成活率提高 25%以上。

海湾扇贝"海益丰 12"

生长快、抗逆性强，较普通生产用种可增产 39.2%。

上述良种适宜在我国辽宁、河北、山东海域进行近海筏式养殖。其中，虾夷扇贝主要在辽宁海域进行底播和筏式养殖。

栉孔扇贝"蓬莱红2号"

虾夷扇贝"海大金贝"

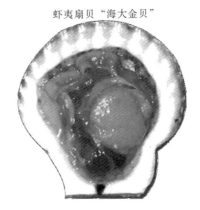

海湾扇贝"海益丰12"

联系人：中国海洋大学　陆维　联系电话：13969872719

海湾扇贝"中科2号"

海湾扇贝"中科2号"（品种登记号：GS-1-005-2011），该品种壳色美观，96％以上个体为紫色，平均壳长、壳高、全湿重和闭壳肌重量分别比未经选育的海湾扇贝提高 14.69％、13.66％、26.57％和 49.23％。海湾扇贝"中科2号"在我国山东、河北、辽宁等地累计养殖面积超过 11 133hm²，直接经济产值 15.8 亿元，成为继海湾扇贝"中科红"之后的海湾扇贝主养品种。该品种确保了海湾扇贝作为引进种种质资源的稳定性，促进了海湾扇贝产业的可持续发展。

联系人：中国科学院海洋研究所　阙华勇　联系电话：13687659797

扇贝"渤海红"

扇贝"渤海红"（品种登记号：GS-01-003-2015）贝壳扇形，壳长/壳高为 1.06±0.03，壳宽/壳高为 0.41±0.02；壳较薄，壳色呈紫红色，左、右壳较突出，壳表放射肋 17～18 条，肋较宽而高起，肋上无棘；生长纹较明显，中顶；前耳大，后耳小。外套膜上有触手和外套眼，鳃瓣状，闭壳肌发达且前后闭壳肌融合，性腺位于腹缘，分为明显的精区和卵区，精区成熟时为乳白色，卵区成熟时为橘红色，肠粗壮。

"渤海红"扇贝收获时与海湾扇贝相比壳高平均提高 18.5%，壳长平均提高约 19.8%，壳宽平均提高约 10.2%，体重平均提高 38%以上，柱重平均提高 50%以上，温度适应范围 0～29.3℃，适宜在我国黄渤海海域养殖，目前已成为我国北方主要的养殖品种之一。

联系人：青岛农业大学　王春德　联系电话：13589227997

扇贝"青农 2 号"

扇贝"青农 2 号"（品种登记号：GS-02-003-2017）贝壳扇形，壳长/壳高为 1.06 ± 0.02，壳宽/壳高为 0.45 ± 0.03；壳较薄，壳色呈黑色，左、右壳较突出，壳表放射肋 17～20 条，肋较宽而高起，肋上无棘；生长纹较明显，中顶；前耳大，后耳小。外套膜上有触手和外套眼，鳃瓣状，闭壳肌发达且前后闭壳肌融合，性腺位于腹缘，分为明显的精区和卵区，精区成熟时为乳白色，卵区成熟时为橘红色，肠粗壮。

在相同养殖条件下，与普通海湾扇贝相比，"青农 2 号"收获时壳高平均提高约 16.6%，壳长平均提高约 16.1%，壳宽平均提高约 11.3%，体重平均提高约 45.4%，柱重平均提高约 75.7%。该品种已成为我国北方主要养殖品种之一。

联系人：青岛农业大学　王春德　联系电话：13589227997

扇贝"青农金贝"

扇贝"青农金贝"（品种登记号：GS-01-009-2018）贝壳扇形，养殖当年平均壳长（60.1±2.6）mm，壳长/壳高为 1.07 ± 0.03，壳宽/壳高为 0.43 ± 0.02；壳较薄，壳色为金黄色，左、右壳较突出，壳表放射肋 17～18 条，肋较宽而高起，肋上无棘；生长纹较明显，中顶；前耳大，后耳小。外套膜上有触手和外套眼，鳃瓣状，闭壳肌、外套膜和鳃等组织均呈金黄色且前后闭壳肌融合，性腺位于腹缘，分为明显的精区和卵区，精区成熟时为乳白色，卵区成熟时为橘红色，肠粗壮。

与白色闭壳肌扇贝相比，该品种富含 2 种特有的类胡萝卜素扇贝醇酮和扇贝黄素，其脂肪含量显著低于白色闭壳肌扇贝，不饱和脂肪酸比例高于白色闭壳肌扇贝，且脑磷脂含量显著高于白色闭壳肌扇贝，食用价值和保健作用高，是一种具有巨大市场价值的扇贝。作为新选育出来的高端扇贝品种，该品种目前主要在莱州部分海域养殖。

联系人：青岛农业大学　王春德　联系电话：13589227997

海带 "205"

海带 "205"（品种登记号：GS-01-010-2014），该品种是以荣成海带栽培群体后代个体的雌配子体和韩国海带自然种群后代个体的雄配子体杂交产生的后代群体为亲本群体，以藻体深褐色、叶片宽大和孢子囊发育良好为选育指标，采用群体选育技术，经连续4代选育而成。在相同栽培条件下，与普通海带品种相比，该品种在水温6℃左右（4月上旬）可开始收获，收获期可延续至水温达到19℃左右（7月中下旬），产量提高15.0%以上，抗高温、高光能力较强，淡干海带色泽墨绿，是一个优质、相对高产、耐高温、色素碘胶含量高、色泽优良的品种。该品种盐渍加工出菜率高，具有良好养殖前景。

联系人：中国科学院海洋研究所 单体锋 联系电话：15053285862

海带"黄官1号"

针对我国海带产业目前面临的种质混杂、缺乏食用海带良种这一突出问题，通过杂交育种、自交、综合选育以及分子标记辅助育种等手段，从2001年开始，在全国范围内的海带野生或养殖群体中，选择耐高温、成熟晚的个体作为亲本，以叶片肥厚、中带部宽、叶缘窄且厚、成熟晚、耐高温、出菜率高等特征为选育标准，经连续6代选育而成。与辽宁（大连）、山东养殖海带相比，该品种叶片平整，宽度明显增大，其平均宽度（56cm以上）明显大于普通海带的平均宽度（30cm）。该品种的叶片厚度比较均匀，平均出菜率达81%以上且优等率高，可充分满足海带食品加工需要，而普通海带出菜率约61%且优等率一般。该品种耐高温（成熟水温在21℃以上），抗烂性强，可延长食品菜的加工时间，在北方收获加工期为5月至7月下旬，而普通海带成熟水温仅在15℃左右，只适宜6月初之前收获加工。与辽宁（大连）、山东当地养殖海带相比，该品种产量提高27%以上，食用海带出菜率提高20%以上。

海带"黄官1号"耐高温，抗烂性强，适应性广，在山东沿海的养殖推广中表现出优异的性状，整体可增产20%以上，适宜在山东沿岸进一步大面积推广应用。

联系人：中国水产科学研究院黄海水产研究所 刘福利 联系电话：13061281659

龙须菜"鲁龙1号"

在外观形态、经济性状及产量上表现突出：分枝密，藻体细长，上下粗细均匀；生长速率高，长度增长快，一般培养30d藻体平均长度为 1m 以上，培养60d 平均单株长 2m，利于海上收割；产量比传统栽培品种提高 15%～30%。在内在藻体品质上，其也有质的提高，蛋白含量比传统品种增加约 12%；藻红蛋白含量比传统品种增加11% 以上，藻体颜色更深且偏红。

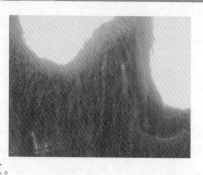

联系人：中国海洋大学　隋正红　联系电话：13854283869

刺参"东科1号"

刺参"东科1号"（品种登记号：GS-01-015-2017），该品种是中国科学院海洋研究所科研人员以生长速度和度夏成活率为目标性状经选择育种而成。采用群体选育技术，对各世代苗种实施耐高温和速生性状选育，经 4 代连续选育，培育出第四世代（G_4）核心群体刺参"东科1号"。在相同养殖条件下，与未经选育的当地普通刺参群体相比，刺参"东科1号"生长速度、耐高温能力和度夏成活率均获得明显提高，24 月龄参平均体重和度夏成活率分别提高 20% 和 10%以上，相较未选育刺参群体具有明显优势。经过遗传学、生理生态和分子生物学检测与分析，子代苗种的生长和耐高温性状遗传稳定。

刺参"东科1号"具有生长速度快、耐高温能力强、度夏成活率高等特点，便于推广。同时，苗种繁育和中间培育技术成熟，应用前景广阔。

联系人：中国科学院海洋研究所　刘石林　联系电话：18561807239

刺参"参优 1 号"

针对刺参养殖过程中出现生长速度慢、病害频发、高温死亡率高等问题，采集我国海参主产区和日本沿海的野生刺参作为基础群体，以灿烂弧菌侵染胁迫成活率和收获时的体重为选育目标，采用群体选育策略，采用病原半致死浓度胁迫驯化技术、刺参生态促熟培育技术、选育群体世代遗传参数评估技术以及选育世代遗传多样性监测技术等多项关键技术，通过连续 4 代的群体选育，培育出具有抗病能力强、生长速度快、耐高温特点的刺参"参优 1 号"新品种。该新品种具有以下特点：①抗灿烂弧菌能力强。在 6 月龄时灿烂弧菌侵染后成活率提高 11.68%，可显著提高抗化皮病的能力。②生长速度快。池塘养殖收获时其平均体重提高 38.75%，可显著提高刺参的产量和经济效益。③成活率高。池塘养殖收获时成活率提高 23% 以上。④耐高温。池塘养殖夏眠临界温度平均提高 1.83℃，结束夏眠的临界温度提高了 2.70℃，夏眠期平均缩短了 28d。

近年来向山东、辽宁、河北等地区育苗企业推广优质种参近万头，向辽宁、山东、江苏等养殖区域推广耳状幼体逾 700 亿只，大规格苗种 5 000 万头，多地区推广养殖都取得了良好的经济效益。其中在福建区域的吊笼养殖效果表明，经过 5 个月的越冬养殖，其成活率达到 99.6%，增重率为 310%，取得了良好的经济效益。根据刺参"参优 1 号"的品种特点，该品种的应用范围可覆盖辽宁、山东、河北、福建等全国沿海刺参养殖主产区；其适应刺参池塘、吊笼、浅海底播等多种不同养殖形式，在我国刺参养殖主产区具有重要的应用和推广价值。

联系人：中国水产科学研究院黄海水产研究所　王印庚　联系电话：13969877169

刺参"鲁海1号"

针对我国刺参因长期累代自繁、近亲杂交而导致的种质资源日趋退化、生长缓慢、抗逆性差等问题，自2003年起，以我国烟台、威海、青岛、大连等不同地域沿海收集筛选的野生刺参作为基础群体，以生长速度和养殖成活率为目标性状，采用群体选育技术，选育出性状优良、抗逆性强的刺参"鲁海1号"（品种登记号：GS-01-011-2018）。在相同养殖条件下，与未经选育的刺参相比，24月龄刺参"鲁海1号"体重平均提高24.8%，养殖成活率平均提高23.5%，适宜在山东、辽宁、河北和福建等地人工可控的海水水体中养殖。刺参"鲁海1号"新品种的选育成功，为进一步提升我国刺参产业良种覆盖率提供了种质基础。

该品种已在好当家集团有限公司、威海圣航水产科技有限公司、山东海城生态科技集团有限公司、莱阳市水产养殖总公司、日照赛沃水产养殖有限公司等企业单位开展了示范应用，规模已超过50万 m³ 水体，其苗种养殖表现出优异的生产性能。

联系人：山东省海洋生物研究院　李成林　联系电话：13705320538

二、新技术

斑石鲷亲鱼培育及苗种规模化生产技术

斑石鲷，俗称斑鲷、黑金鼓，属鲈形目（Perciformes）、石鲷科（Oplegnathidae）、石鲷属（*Oplegnathus*），对我国沿海、日本西南部近海、韩国南部的沿海海域及夏威夷群岛沿岸的鱼类调查报告显示，该鱼资源甚稀少。斑石鲷属于温热带近海沿岸中下层鱼类，礁石性、肉食性，无明显的盛渔期。该鱼种在日韩料理中具有"刺身绝品"之誉。

中国科学院海洋研究所与莱州明波水产有限公司在国内首次引进斑石鲷亲鱼452尾，并于2014年攻克育苗关键技术难题，实现了斑石鲷亲鱼培育及苗种规模化生产，填补了国内空白。利用野生亲本进行繁育，孵化率为70%，育苗成活率为15%，共培育优质苗种200余万尾；并建立了斑石鲷生殖调控和人工育苗及养殖关键技术和苗种规模化生产技术及工艺。

斑石鲷在养殖过程中表现出生长速度快的特点，一年可长成0.5kg以上的规格；抗逆性强，适盐、适温范围广，养殖成活率达90%以上；耐长途运输，操作方便；口感独特，市场认可度高，市场价格为600元/kg以上，被水产界称为"可遇而不可求的名贵品种"，备受业界关注。

2014年斑石鲷已在山东、天津、浙江、海南等地进行养殖推广200余万尾，包括封闭循环水养殖、网箱养殖、池塘养殖、工厂化养殖等多种养殖模式，养殖过程中斑石鲷表现出生长快、成活率高、抗逆性强等特点，深受养殖企业的欢迎，成为目前我国海水养殖中一个极具潜力的名贵鱼种。

联系人：中国科学院海洋研究所　　肖志忠　　联系电话：13792833565

大菱鲆引种、繁育养殖技术

为解决我国北方沿海鱼类养殖"当年不能养成商品鱼"和"越冬难"等问题，经过多年调研，选择了具有生长快、适温低、肉质好、易运输等特点的大菱鲆。大菱鲆1992年从英国引进我国，之后经过7年科技攻关，3年推广应用，解决了采卵难、白化率高、成活率低等技术难题，在驯化、养成、亲鱼培育、苗种生产、营养饲料、病害防治和基础研究等方面取得了系列研究成果，形成了一套完整的大菱鲆繁育养殖技术。该技术主要包括：①亲鱼的培育技术工艺；②人工授精技术；③孵化技术；④苗种培育技术工艺；⑤成鱼养殖技术；⑥苗种培育及养殖期间常见的鱼病及防治技术。

该技术的主要特点："温室大棚＋深井海水"的工厂化养殖模式适用于我国广大沿海地区；对亲鱼可进行全人工控制，实现在人工条件下一年多茬产卵育苗；人工采卵授精是大菱鲆人工繁殖育苗的常规手段，操作简便；具有成熟的苗种培育技术及养殖期间的疾病防控技术。完善的繁育养殖技术，为提高大菱鲆养殖业的经济效益提供了强有力的保障。

自20世纪90年代末至今，大菱鲆产业经历了"从无到有"

"由小到大"的发展历程，建立了符合我国国情的工厂化养殖模式，形成年产值超过 45 亿元的大产业，成为我国北方海水养殖的支柱产业，有效地推动了我国海水养殖"第四次浪潮"的形成和发展。"大菱鲆的引种和苗种生产技术研究"成果于 2001 年获国家科技进步二等奖。

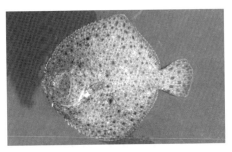

联系人：中国水产科学研究院黄海水产研究所 马爱军 联系电话：13061281659

"云龙石斑鱼"新品种繁育和推广应用技术

云龙石斑鱼（*E. moara* ♀ × *E. lanceolatus* ♂）是以云纹石斑鱼为母本、鞍带石斑鱼为父本杂交获得、具有生长速度快的特点，在相同养殖条件下，1 龄云龙石斑鱼体重平均可达 500～1 250g，分别是云纹石斑鱼、珍珠龙胆的 3.08 倍和 1.37 倍以上，相对增重率分别为后两者的 209％和 65％以上；2 龄云龙石斑鱼体重分别是云纹石斑鱼、珍珠龙胆石斑鱼的 3.9 倍和 1.3 倍，相对增重率分别为后两者的 290％和 32％。云龙石斑鱼适温范围广，具有耐低温的特点，适温范围在 9～32℃，成活率在 95％以上，可在我国南北方同时进行养殖。云龙石斑鱼肉质细腻鲜美，氨基酸总量分别高于父、母本 8.62％～14.01％和 2.89％～16.38％，不饱和脂肪酸含量分别高于父、母本 23.52％～54.54％和 16.35％～25.92％。

养殖要点：①养殖水质。温度一般为 20～33℃，pH 7.6～8.2，盐度 28～33，溶氧量 5mg/L 以上，氨氮含量小于 0.1mg/L。

②苗种的放养。苗种入池水温和运输水温差应在 3℃ 以内，盐度差应在 5 以内。放养密度为规格 25～50g 的鱼 40～50 尾/m³。③鱼苗筛分以及密度调整。在鱼苗培育期间及时对鱼苗进行筛分，筛分的同时调整养殖密度。成鱼养殖时也注意密度调整，规格为 100～150g/尾的鱼，推荐放养密度为 30～35 尾/m³。④饵料类型及投喂。养成饵料包括配合饵料、冷冻鲜杂鱼。日投喂量为鱼总体重的 2%～5%。具体投饵量根据鱼摄食情况来定，投喂后及时清除残饵，投喂饵料应注意遵循定时、定位、定质、定量的"四定"原则。

联系人：中国水产科学研究院黄海水产研究所　田永胜　联系电话：13780600787

黏性卵海水鱼类人工繁育新技术

黏性卵鱼类人工繁育的传统技术关键在于鱼卵如何脱黏，传统的物理或化学处理方法在脱黏过程中对鱼卵本身造成较大的损伤，易导致受精率低、孵化率低、仔鱼畸形率高、苗种培育成活率低等现象。本技术无需对黏性鱼卵进行脱黏处理，避免了受精卵脱黏损伤，解决了黏性鱼卵受精率和孵化率低的问题，为黏性卵鱼类人工繁育开辟了一条崭新途径。

以大泷六线鱼为突破口，创新了适用于高黏性鱼卵的授精与孵化方法——"单层平面授精"和"仿自然孵化"技术，受精率达98%。在受精卵孵化过程中，模拟自然界受精卵的孵化条件，国际首创"仿自然孵化"技术，使受精卵孵化环境接近自然环境，彻底解决了受精卵孵化率低的难题，受精卵孵化率达92%。

该技术在亲鱼生殖调控、人工采卵授精、人工孵化、苗种培育等多方面形成了自主知识产权，获发明专利 5 项，实用新型 2 项，制定行业标准 2 项，省地方标准 2 项。2014—2018 年，与威海圣航水产科技有限公司合作开展大泷六线鱼黏性卵人工繁育，4 年共计培育苗种 305 万尾，累计产值约 1 525 万元，增殖放流 180 余万尾。

黏性卵海水鱼类人工繁育新技术的突破在大泷六线鱼产业发展中起到了重要作用，技术推广至今累计带动苗种生产 5 800 余万尾，其中养殖 3 000 余万尾，增殖放流 2 300 余万尾，累计产值达42.2 亿元。

联系人：山东省海洋生物研究院　胡发文　联系电话：18561729919

许氏平鲉深远海网箱大规格苗种培育技术

针对许氏平鲉网箱养殖的大规格苗种以海捕野生苗种和怀仔亲鱼繁育苗种为主要来源，存在破坏资源、苗种供应不稳定、养殖成活率低、生长周期长和病害多发等弊端，导致养殖风险增加、经济收益降低，利用选育的许氏平鲉优良新品系结合工厂化亲鱼全人工控制交尾技术、产仔技术、苗种培育技术和病害防控技术，建立了许氏平鲉优良苗种规模化繁育技术体系；通过网箱设置、苗种运输、投饲管理、养殖管理和病害防控等技术建立了深远海大规格苗种培育技术体系；分离鉴定许氏平鲉致病菌——哈维氏弧菌（$V.harveyi$），委托疫苗企业研制疫苗（HTVhs-5306）进行鱼种浸泡免疫，以自主开发的乳酸菌 YH1 和芽孢杆菌 YB1 结合饲料投喂，在此基础上建立了大规格苗种培育病害防控体系。通过上述各项技术的整合，许氏平鲉养殖综合效益显著。

从 2017 年开始，烟台泰华海洋科技有限公司（国家级许氏平鲉原种场）年繁育许氏平鲉苗种 200 万尾以上，实现苗种订单式供应；2017 年和 2018 年长岛县大钦岛乡每年网箱示范培育许氏平鲉大规格苗种 100 万尾以上，通过该技术使其生长速度提高 20％以上，有效缩短了养殖周期，降低了饲料和管理费用，苗种成活率达到 90％以上，养殖产量得到提高，经济效益可提高 25％以上；此外，利用该技术后，长岛县大钦岛乡的许氏平鲉网箱成鱼养殖周期从 3 年左右缩短至 2 年。自 2017 年开始，该技术在烟台、威海、日照等山东沿海各地推广应用。

联系人：山东省海洋资源与环境研究院　姜海滨　联系电话：18153518268

罗非鱼和雌核发育草鱼良种选育技术

针对山东省淡水水产养殖品种老化、产业效益低下的突出问题，开展了罗非鱼和草鱼的种质创新与规模化繁育关键技术研究，建立了罗非鱼和草鱼分子标记辅助育种技术。创新性地利用 TRAP、RAPD 等标记技术开展了罗非鱼生长及性别相关分子标记筛选，筛选出生长相关分子标记 2 个，雄性性别特异性分子标记 1 个；筛选研究了草鱼抗病相关基因 2 个；揭示了罗非鱼对嗜水气单胞菌及草鱼对柱状黄杆菌等重要致病菌感染后的免疫应答机制。开发了罗非鱼和草鱼良种培育技术体系，筛选出人工雌核发育草鱼诱导的关键技术参数。

选育的罗非鱼生长速度提高 18.2%。选育的草鱼生长速度和养殖成活率分别提高 15.8%～18.5% 和 10.6%～11.1%。

在济宁、临沂、泰安、淄博、滨州等地推广应用面积达 7 667hm²，新增产值约 20.5 亿元，新增利润约 3.7 亿元。

联系人：山东省淡水渔业研究院 付佩胜 联系电话：18953160708

翘嘴红鲌优异基因资源发掘与创新种质培育技术

开展翘嘴红鲌的人工繁育、良种选育与健康养殖关键技术研究，建立了种业技术体系和养殖技术体系。收集了长江水系、黄河水系等 5 个翘嘴红鲌野生群体，开展了群体遗传多样性、种质遗传特性研究，筛选保存了长江水系、黄河水系 2 个野生群体。建立了翘嘴红鲌分子标记辅助育种技术，开发了翘嘴红鲌良种培育与健康养殖技术体系，选育构建了翘嘴红鲌速生抗逆群系 2 个，突破了翘嘴红鲌人工繁育技术，建立了适宜山东省条件的水泥池充气孵化、水槽微流水孵化和非脱黏环道孵化 3 种孵化技术及池塘养殖、大水面增养殖 2 种模式。

翘嘴红鲌选育群系家系生长速度平均提高 9.62%～15.23%，存活率平均提高 3.47%～5.43%；池塘养殖试验产量每 666.7m² 可达 1 211kg。

自 2015 年起，相继在淄博、临沂、济宁、泰安、东营、枣庄、济南等地进行转化应用。近 3 年，在济宁、临沂、泰安、高青等地进行翘嘴红鲌良种池塘养殖推广，累计推广面积 720hm²，

新增销售额约 1.61 亿元，新增利润约 0.62 亿元。

联系人：山东省淡水渔业研究院　孟庆磊　联系电话：
18953162636

鱼虾分子多性状复合育种技术

针对我国水产养殖业种质退化、良种优良性状单一、病害频发等问题，结合高通量分子标记，突破了鱼虾多个性状精准测试和综合评估关键技术，建立了达到国际先进水平的水产动物分子多性状复合育种技术体系，突破了不能定向选育、不能持续改良多个性状的技术瓶颈。该技术的主要特点：①适合多数水产动物的选择育种；②可同时选育多个性状，包括抗病、抗逆、饲料转化效率和品质等符合水产养殖业绿色发展要求的性状；③平均每代的近交率可控制在 1% 以内；④中等遗传力以上水平的性状，平均每代的选择进展达到 5% 以上；⑤可大规模快速扩繁制种，利用多家系多级制种方式，商品群目标性状的遗传进展可进一步提高 30% 以上，生产种虾（鱼）达亿尾。

该技术适用于大部分水产养殖动物，对于高繁殖力鱼虾选育效果显著，可加快多性状优良新品种选育进程。以中国对虾、罗氏沼虾、大菱鲆和斑点叉尾鮰等 4 个我国本土和引进的鱼虾代表种类为研究对象，搭建联合育种平台，依托 4 个国家水产遗传育种中心，创建了鱼虾大规模家系选育技术工艺，累计构建家系3 200 多个；应用分子多性状复合育种技术，选育出中国对虾"黄海 2 号"等国家水产新品种 4 个，生长速度提高 24.85%～36.87%，养殖存活率提高 5.35%～18.56%，中国对虾"黄海 2号"抗白斑综合征病毒存活时间提高 15.85%。建立了"育繁推"一体化、"产学研推用"紧密结合的良种规模化扩繁和产业化推广配套体系，在辽宁等 15 个省推广虾苗 380 多亿尾、鱼苗7.6 亿余尾，推广面积100 000hm² 以上。鱼虾分子多性状复合育种技术已累计在 13 个选育项目中推广应用，培育出国家级水产新品种 7 个。

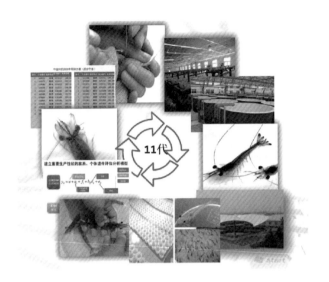

联系人：中国水产科学研究院黄海水产研究所 孔杰 联系电话：13605426806

澳洲淡水龙虾北方人工繁殖和苗种培育配套技术

澳洲淡水龙虾是从澳大利亚引进的优良淡水虾类，其肉质鲜美柔韧、富有弹性，蛋白含量高、脂肪含量低，富含人体必需的氨基酸和不饱和脂肪酸，且具有生长快、抗逆性强、出肉率高的特点，在北方地区逐渐成为被热捧的养殖品种。针对澳洲淡水龙虾不耐低温，苗种培育和规模养殖难等问题，该技术研发了人工繁殖巢穴和适宜不同生长阶段的饲料配方，优化了温度与水质调控、营养与饵料、补充平衡营养盐等技术措施，建立了澳洲淡水龙虾北方苗种培育与健康养殖技术体系，并通过渐进式驯化，选育出一个能够耐受较低温度的澳洲淡水龙虾优良品系。运用该技术，养殖 78d，澳洲淡水龙虾体重达 199g；养殖 5 个月其可达性成熟。在北方，养殖水体温度不低于 15℃的冬季大棚可养殖澳洲淡水龙虾。

联系人：山东农业大学 王慧 联系电话：13001771684

贝类良种选育及苗种繁育技术

　　研发单位联合沿海龙头水产企业开展包括鲍、扇贝等主养贝类良种选育及苗种规模化培育技术集成与示范。在鲍方面，通过收集中国、日本、韩国等的皱纹盘鲍种质材料，初步构建了鲍种质库；研发适于皱纹盘鲍筏式养殖个体的标记技术及标志物放流技术；建立基于 BLUP 的遗传选育技术体系，遗传评估多个经济性状，获得正向遗传进展；基于配合力水平的筛选强杂优配套系，联合企业开展商品化苗种扩繁；申请国家发明专利 3 项。在扇贝方面，育成海湾扇贝"中科红"和"中科 2 号"，构建了核心种质保存、维护技术，推广养殖超过 1 067hm²，累计产值 6.5 亿元；利用海湾扇贝亚种间杂交子代生长性状的杂种优势，改良了海湾扇贝的生长和耐高温性能，进一步扩大了海湾扇贝的适养海区范围。

　　鲍方面，培育国家级贝类新品种（系）1 个，应用推广 1 亿粒

杂交鲍"大连1号"

海湾扇贝"中科2号"

以上；生长速度提高 15％以上，存活率提高 20％以上；构建适于
不同海区的贝类苗种培育技术规范，苗种出库规格提高 10％以上。
扇贝方面，培育国家级贝类新品种（系）1 个，扩繁苗种 1 亿粒以
上；维护海湾扇贝核心种质，尝试拓展海湾扇贝养殖海区。

联系人：中国科学院海洋研究所　　阙华勇　联系电话：
13687659797

大宗经济贝类新品种选育技术

针对牡蛎、扇贝、鲍养殖过程中存在的种质退化、高温死亡等
问题，建立了全基因组位点表型效应的规模估计技术和基于全基因
组位点信息的扇贝育种值估计技术，首次在海洋生物中实现了基于
全基因组标记信息的育种值估计，突破了海洋生物全基因组选择育
种关键技术，培育出国家级水产新品种海湾扇贝"海益丰 12"；建
立了基于近红外技术的长牡蛎肉质品质性状测定模型，运用该模型
培育出长牡蛎高糖原含量新品系。该技术的主要优势：①建立了我
国首个长牡蛎肉质品质性状的近红外定量分析模型；②开展扇贝生
长性状相关位点的 QTL 定位和 GWAS 分析；③建立了贝类全基
因组选择遗传育种分析评估系统；④评估长牡蛎肉质品质性状和出
肉率性状遗传参数和基因环境互作（G×E）；⑤长牡蛎高糖原含量
F_5 代新品系，其糖原含量较对照组提高 18.30％，高出肉率新品系
F_4 代较对照组提高 19.60％；⑥培育出国家级水产新品种海湾扇贝
"海益丰 12"，新品种壳高较对照组提高 31.5％，成活率提高
13.2％，年生产苗种 10 亿粒以上；⑦培育栉孔扇贝黄壳品系与快
速生长品系各一个、杂交扇贝风信标一个，引种新西兰黑足鲍 500
头，种鲍成活率达到 94.13％，建立了一套完善的杂交育苗工厂化
生产体系；⑧建立杂交鲍家系，优化光周期性腺发育控制技术，年
育苗数达 4～5 次；⑨皱纹盘鲍 F_2 代家系的生长速度较对照组提高
20.4％，成活率较对照组提高 8.0％；⑩建立了中国皱纹盘鲍本地
纯种自繁系、黄岛群体自繁品系，各育种材料维持在 1 000 个个体
以上。

引进新西兰黑足鲍 500 头，培育的杂交鲍具有生长速度快、抗高温和耐低盐的特性，获得杂交鲍苗种 800 万粒。由合作企业威海长青海洋科技股份有限公司设计的皱纹盘鲍新型附着基，附着面积增加 20％以上，单位水体的出苗量提高 27.69％，耗水量降低 60％以上，节约劳动力 66.67％，提高养殖效益的同时大大降低了养殖成本；开发了热能转换循环供水系统，车间排放水的热能回收率达到 90％以上，降低能耗 40％以上，具有显著的经济和生态效益。

联系人：山东省海洋资源与环境研究院　杨建敏　联系电话：18153518238

扇贝分子育种技术

简并基因组技术，实现了 RAD 技术的等长标签、高效建库和串联测序，解决了国际上同类技术中存在的流程复杂、均一性差、成本较高等问题，降低费用 80％～90％。其中 MethylRAD 技术可对低至 1ng 的微量 DNA 进行精确定量分析，为无基因组信息生物提供了简便高效的全基因组 DNA 甲基化检测手段。

液相芯片技术，实现在单个 PCR 管内对 10 万个以上不同类型标记的同时分型，不仅可高效检测 SNP、Indel 等标记，而且突破了 SSR 标记分型依赖凝胶分型、难以高通量分析的局限。该技术可替代固相 DNA 芯片技术，灵活性更高，可任意增减位点，突破了目前芯片平台费用昂贵、难以大规模应用的瓶颈，较商业化芯片节省费用 90％以上。

贝类全基因组选择育种技术，研发的 LASSO-GBLUP、StepLMM 等算法和育种软件，实现了 GWAS 模型与 GS 模型的有机融合，解决了高通量 SNP 数据降维和精准度冲突的国际性难题。建立的贝类全基因组选择育种评估系统，已应用于栉孔扇贝、虾夷扇贝、海湾扇贝等的良种选育。

应用研发的分子育种技术，培育出"蓬莱红 2 号""海大金贝""獐子岛红""海益丰 12"等 4 个新品种，累计推广养殖460 000hm²

以上，产量超过 220 万 t。

联系人：中国海洋大学　陆维　联系电话：13969872719

毛蚶健康苗种生态聚合型繁育技术

围绕毛蚶这一山东省重要滩涂贝类土著种，突破了北方传统育苗方法操作烦琐、生产成本高的瓶颈，基于水质安全调控、饵料营养优化与转化以及空间高效集约化利用等关键技术点进行了创新与集成，建立了毛蚶健康苗种集约化繁育技术。该技术创新主要包括以下几个方面：①将微生态调控技术与传统水处理技术相结合，建立了育苗用水水质调控技术，全程避免了抗生素及化学药品的使用；②自主研发了一套适宜于北方的空气源热泵耦合超导管太阳能模块化海水控温系统，替代燃煤锅炉；③创新了苗种饵料生态培养技术，实现了人工培育单胞藻饵料与池塘天然饵料的营养优化、自然转化与全面替代；④完善和优化了底层平面采苗技术，附着变态率达到 92％以上。

该技术显著提高了苗种生产效率，简化了生产流程，获得健康无药残苗种，并已获得国家授权发明专利。该技术在青岛红岛开发区建立示范基地 1 处，育苗水体 450m³，年培育毛蚶健康苗种 7.3 亿粒，生产成本仅为传统方法的 38％。该技术的推广与应用将改变目前北方毛蚶苗种依赖南方供给的现状，实现土著苗种的自给自足，同时为山东省土著资源的保护与修复提供有力的技术支撑。

联系人：山东省海洋生物研究院　李莉　联系电话：13708951621

脉红螺苗种规模化扩繁关键技术

脉红螺，俗称"海螺"，在我国渤海、黄海和东海均有分布，具有较高的经济价值。一直以来，我国脉红螺人工育苗出苗效率极低，难以达到产业化规模。课题组解决了亲螺性腺促熟、幼虫培养、高效采苗和中间培育等关键技术，建立了比较完善的脉红螺苗种繁育技术，实现了苗种规模化高效培育。自主开发了采苗设施及方法，解决了幼虫变态过程中的食性转换难题，突破了采苗技术难关，幼虫变态率达到 60％以上，苗种中间培育成活率达到 80％以上，每立方水体出苗量可达 1 万～2 万粒。

联系人：中国科学院海洋研究所　张涛　联系电话：13953232260

长蛸规模化苗种繁育与增殖技术

近年来，韩国、日本等国家对蛸类消费需求很高，每年均需进口蛸类上万吨，产值上亿美元。其中，对鲜活长蛸的需求尤为迫切，市场供不应求，价格不断攀升，长蛸已成为我国北方重要经济头足类。但由于过度捕捞导致长蛸的资源量锐减，已严重影响其自然资源的再生恢复。通过多年技术攻关，长蛸苗种繁育与增殖技术得以突破。针对长蛸亲体蓄养难、受精卵孵化率低等问题，建立了长蛸规模化苗种繁育与放流技术规程。该技术的主要特点主要包括：①提出了亲体采捕时机及采捕方式等一系列技术规范；②确定了长蛸亲体养殖水质指标，摸索出一套长蛸亲体培养技术；③确定了适宜的剔除雄性亲体时机，有效提高种质及遗传多样性；④设计了一套饵料投喂及清除残饵装置，降低了亲体蓄养的人工成本；⑤确定了苗种培养的遮蔽物、日常管理技术与病害防治技术；⑥确定了亲体与苗种的活体运输技术与方法；⑦建立了黄渤海曼氏无针乌贼增殖放流技术规范。

该技术适用于长蛸苗种繁育与资源修复，对于规模化长蛸苗种生产效果显著，可有效提高生产的可靠性和稳定性，为长蛸增养殖产业发展奠定基础。

目前，在山东相关地区已培育长蛸苗种 1.5 亿只，示范推广海域面积 43 333hm²，增殖放流苗种 350 万只。建立长蛸国家级水产种质资源保护区 1 处，放流近 100 万只，涉及放流海域 20 000hm²以上，长蛸产量年均增幅率达 9.4%。

联系人：烟台市海洋经济研究院 刘永胜 联系电话：15064567452

曼氏无针乌贼规模化苗种繁育与增殖技术

曼氏无针乌贼的药用历史悠久，乌贼骨即为中药的"海螵蛸"，粉碎后有止血、止痛、中和胃酸等疗效；乌贼肉具有活血化瘀的功效；乌贼墨对功能性子宫出血、肺结核咳血等出血性疾病有止血作用，而且日本学者发现乌贼墨具有抗肿瘤的作用；乌贼内脏油含有大量的不饱和脂肪酸，是良好的饲料添加剂和强化剂。由于捕捞过量及乌贼产卵场被破坏等原因，野生曼氏无针乌贼资源出现衰竭。针对这一实际问题，通过技术创新，突破了黄渤海曼氏无针乌贼苗种规模化繁育技术瓶颈，解决了曼氏无针乌贼采卵难、受精卵易脱落，孵化率低等技术难题，建立了黄渤海曼氏无针乌贼规模化苗种繁育与放流技术规程。该技术的主要特点包括：①提出了曼氏无针乌贼亲体采集规程及运输标准，解决了亲体采集运输过程中易于喷墨的问题；②确立了亲体蓄养适宜的水温、盐度、光照等生态条件，建立了曼氏无针乌贼黄渤海种群亲体蓄养技术；③设计了一套曼氏无针乌贼采卵装置，解决了其采卵难、受精卵易脱落等难题；④提出了脱落的受精卵继续孵化技术方案，有效提高了受精卵总孵化率；⑤确立了曼氏无针乌贼幼体开口饵料、幼体培育密度等生产要点，提高了幼体成活率；⑥确立了苗种的活体运输技术与方法；⑦建立了黄渤海曼氏无针乌贼增殖放流技术规范。

该技术适用于曼氏无针乌贼黄渤海种群的苗种繁育与资源修复，对于规模化苗种生产效果显著，可有效提高生产的可靠性和稳定性，为养殖产业与资源修复奠定基础。

目前，曼氏无针乌贼苗种繁育水体 40 000m³，已开展黄渤海曼氏无针乌贼试验物种放流，合计放流曼氏无针乌贼苗种 96 万尾，黄渤海地区的曼氏无针乌贼资源量显著提升，取得了良好的经济效益和社会效益。

联系人：烟台市海洋经济研究院　刘永胜　联系电话：15064567452

新经济海藻——萱藻工厂化苗种繁育与规模化栽培技术

萱藻，俗称海麻线，隶属于褐藻门，在我国南北沿海均有分布，近年来因过度采收，自然资源已面临枯竭。萱藻的食用及药用价值极高，长期以来，野生萱藻被沿海居民视为海洋蔬菜珍品，具有很高的市场价格（目前山东半岛、辽东半岛春节前后价格为每千克鲜重约 50 元）。

历时 8 年，已完成萱藻苗种繁育和养殖技术产业化的相关研究，目前已研发完成的萱藻苗种繁育及规模化养殖技术包括：①种质采集技术；②种质扩增（克隆）技术；③种质保存技术；④种质孢子囊发育同步性与促熟技术；⑤种质孢子放散技术；⑥种质扩增（克隆）过程中杂藻防除技术；⑦工厂化采苗技术；⑧幼苗早期发育过程中的杂藻控制技术；⑨海上规模化养殖技术。

萱藻孢子体（孢子囊）成熟和孢子放散的同步调控方法和技术措施高效可行，孢子囊放散孢子的同步率达到 80％以上，采苗时的孢子密度达到 32 000 个/mL 以上，附着基（苗绳）上厘米级幼苗的密度达到 35 株/cm 以上。萱藻的苗种生产能力可满足 333～667hm^2 养殖水面的苗种需求。

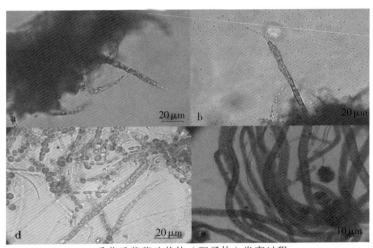

采苗后萱藻叶状体（配子体）发育过程

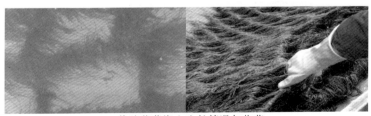

养殖萱藻海上生长情况与收获

联系人：中国海洋大学　宫相忠　联系电话：13969813499

鼠尾藻苗种人工规模化繁育技术

该技术主要包括鼠尾藻种菜人工促熟技术、鼠尾藻大规格苗种提前育成技术、马尾藻科海藻高效采集装置及采集方法等。该技术适用于北方海区鼠尾藻人工繁育，建立了促熟、采苗、室内培育及海上管理的系统性繁育技术体系。鼠尾藻种菜人工促熟技术延长了成藻接受光照的时间和强度，生殖托的成熟相对比较集中，可获得大量成熟均匀的优质受精卵。采用鼠尾藻大规格苗种提前育成技术，可提前50d规模化繁育出大规格鼠尾藻苗种，打破了北方海区传统采苗时间的限制，并将室内培育时间缩短为10d，附苗率达到80%以上，培育的苗种健康苗壮、抗逆性强。马尾藻科海藻高效采集装置及采集方法，降低了劳动强度，提升了机械化程度，提高了鼠尾藻规模化采苗效率。该技术已获得授权发明专利5项，实用新型专利3项。

该技术在山东威海、烟台、青岛等地进行示范推广，年产鼠尾藻苗种1 800余万株（600帘以上），可养鼠尾藻40hm^{2}以上，新增产值达380万元以上。

联系人：山东省海洋生物研究院　丁刚　联系电话：18561729935

单环刺螠工厂化繁育及多模式养殖关键技术

突破了单环刺螠的工厂化育种关键技术，确立了苗期水温、溶解氧、底质基质指标的管控方案，缩短浮游期15～20d；明确了饵料微藻与动物源饲料的配比和构成，提高幼苗成活率21%～35%；建立了夏季高温期生产管理技术标准，保苗期存活率提高 21%～29%。建立了单环刺螠工厂化室内养殖、室外开放池塘养殖、固定区域滩涂增养殖的多模式养殖；开发了系列新型益生菌剂和微藻饵料，养殖成活率提高 30% 以上，降低饲料消耗 2%～6.8%，减少废弃物排放 15% 以上；实现了海肠与海参、对虾等常见经济物种的混合养殖，提高单位水体产量约 30%，降低养殖成本 5%～12%。

该技术在烟台、莱州、蓬莱等地多家企业进行推广应用，近 3 年累计培育苗种超过 5 000 万头，投放苗种 15 000kg 以上，新增经济效益逾亿元。

联系人：中国科学院烟台海岸带研究所 焦绪栋 联系电话：17616006980

单环刺螠规模化苗种繁育与生态养殖技术

针对我国单环刺螠资源量急剧下降、苗种繁育与养殖生产不稳定等实际问题，通过技术创新，突破了单环刺螠苗种规模化繁育技术瓶颈，从根本上解决了单环刺螠幼体浮游期长、孵化率低和育苗成功率低等问题，建立了技术操作规范与技术规程。该技术的主要特点包括：①提出了"肾管指数"指标，制定了亲体选择标准；②确定了亲体暂养适宜的底质类型、底质厚度、暂养密度以及饵料投喂品种，建立了单环刺螠亲体培养技术；③人工授精技术获得新进展，确定了人工授精适宜的精卵比例，有效提高了孵化率和亲体利用率；④优化了饵料投喂技术，制定了幼体培育的饵料投喂技术方案，成功解决了幼体浮游期长的技术难题；⑤确定了幼螠培养的饵料系列、日常管理技术与病害防治技术；⑥确定了亲体与苗种的活体运输技术与方法；⑦制定了《单环刺螠苗种繁育技术规程》《单环刺螠苗种》两个山东省地方标准；⑧建立了生态养殖技术操作规范，为单环刺螠产业发展奠定了基础。

该技术适用于单环刺螠苗种繁育与养殖生产，对规模化苗种生产与池塘生态养殖生产效果显著，可有效提高生产的可靠性和稳定性，为产业发展奠定了基础。目前，单环刺螠苗种繁育水体近80 000 m³，生态养殖面积约 2 667hm²，海区底播面积约 20 000hm²，建设单环刺螠省级原种场 1 处，"烟台海肠"获得国家农产品地理标志登记保护，取得了显著的经济效益和社会效益。

联系人：烟台市海洋经济研究院　王力勇　联系电话：18253571558

双齿围沙蚕种质资源开发与应用技术

围绕双齿围沙蚕人工繁育技术难关，解决了自然繁殖苗种收集难、规模化生产不易开展、高温导致苗种变态影响出口品质等系列问题，形成了双齿围沙蚕大规模苗种的正常和提前育成技术、夏季高温保证优质商品沙蚕的保质技术等，适用于我国北方泥质滩涂进行滩涂增养殖或户外土池精养等。

该技术在双齿围沙蚕繁殖调控、饵料、室内养殖等多方面形成了自主知识产权，共获授权发明专利 7 项，实用新型 3 项，发表论文 7 篇，制定标准 2 项。

2011—2015 年，在东营市河口区开展了双齿围沙蚕的全人工繁育和规模化苗种培育技术的推广，辐射面积达 133hm²。其中 2013—2015 年，通过人工诱导使沙蚕繁殖期提前 1～2 个月，完成一年两季商品沙蚕的养殖和收获，每 666.7m² 产商品沙蚕 2 830kg，沙蚕单位产量提高 183% 以上，建立 67hm² 的示范基地 1 处。

在人工繁育和规模化苗种培育过程中，形成了较为成熟的大面积土池布苗技术，为我国其他经济多毛类的开发利用提供了借鉴。与此同时，双齿围沙蚕作为潮滩湿地的典型代表性生物，其开发与应用技术可为支脉河口潮滩湿地的可持续开发利用以及湿地修复、近岸生态环境恢复等决策的制定提供技术参考。

联系人：山东省海洋生物研究院　于道德　联系电话：18660297029

花鲈淡水池塘养殖技术

花鲈具有耐低温、高蛋白和低脂肪等特性,富含人体必需的氨基酸和不饱和脂肪酸,备受市场推崇。花鲈在水温2℃以上可正常越冬,10℃以上时开始摄食,最适生长温度为12～32℃,近几年在北方内陆淡水地区迅速推广养殖。开展花鲈淡水池塘养殖可有效改善淡水产业结构,提高养殖经济效益。但花鲈养殖存在野性强、运输成活率低、驯化摄食人工饲料比较困难等问题,需要特殊的驯化养殖技术。针对以上问题,在对花鲈苗种淡水驯化养殖试验的基础上,配置粗蛋白含量为45.5%的慢性膨化颗粒饲料,花鲈食性可在1个月内完全转变为摄食配合颗粒饵料;建立了适合花鲈淡水池塘养殖的精细化操作技术规范,养殖4～5个月,其体重可达500g以上。

联系人:山东农业大学　王慧　联系电话:13001771684

黄三角珍珠龙胆石斑鱼陆基接力养殖技术

针对珍珠龙胆石斑鱼受自然环境影响巨大，养殖成本较高等问题，在对池塘接力养殖的养殖时间、放养规格、放养密度、管理策略、回捕全过程关键参数及措施等方面进行研究的基础上，优化养殖生产与池塘水环境的相互关系，确定其适宜的生态养殖容量，建立珍珠龙胆石斑鱼"工厂化车间＋池塘"的陆基接力养殖技术，实现珍珠龙胆石斑鱼在黄河三角洲地区的低成本、生态化、规模化生产。该技术的主要特点包括：①解决了山东省珍珠龙胆石斑鱼养殖受气候、环境及空间条件的限制，以及养殖难度较大、生产成本较高等问题；②该成果可以应用于其他暖温性海水鱼类养殖中。

该技术成果的应用可以解决大规格珍珠龙胆石斑鱼养殖受场地局限的问题，并可降低养殖过程中的电力、人力成本，同时提高养殖产品的品质。在自然潮汐换水的情况下，池塘生态养殖容量为每 666.7m² 可养 1 172～1 685 尾，每 666.7m² 产量为 870～1 254kg，每千克养殖成本可降低 2～4 元。2018—2019 年，应用该技术养殖珍珠龙胆石斑鱼和云纹龙胆石斑鱼共计 4 万尾，养殖周期 14 个月，产量达到 25 000kg。

联系人：山东省海洋资源与环境研究院　李宝山　联系电

话：18153518131

对虾工厂化循环水高效生态养殖技术

针对我国对虾工厂化养殖以较为粗放的换水养殖模式为主，普遍存在地下水资源浪费、病害频发、养殖成功率不稳定、排放水有机污染严重等问题，开发对虾工厂化循环水高效生态养殖技术，以凡纳滨对虾为主养对象，依托现代养殖工程和水处理设施，综合运用微孔增氧、水质调控、养殖尾水处理等技术，实现了全年对虾高效、生态化养殖，具备水体循环利用、生态环境稳定、养殖过程人工调控、尾水达标排放等优点。该技术主要特点包括：①使用工厂化养殖设施设备及水循环处理设备，实现悬浮颗粒的过滤、细微和溶解颗粒的去除，通过生物净化、消毒火菌处理养殖用水，并实现水循环利用；②设计对虾工厂化循环水高效生态养殖系统工艺，控制主要养殖水质指标（COD≤10mg/L，颗粒悬浮物≤10mg/L，pH 7.0～8.5，DO≥6mg/L，TAN≤0.5mg/L，NO_2-N≤1.0mg/L，弧菌≤5 000CFU/mL）；③通过人工定向接种促使生物膜快速形成，水循环次数控制在4～7次/日，适量添加微生态制剂和有益微藻来改善水质，养殖后期对虾的溶氧消耗量逐步增加，日排污换水量控制在5%以内。④选择优质虾苗，采用二阶段分级方法进行养殖，一阶段为暂养标粗，放养密度以3 000～5 000尾/m² 为宜；养殖30d左右规格达到2.5～3.0cm后分苗，进入养成阶段，放养密度以300～800尾/m²为宜；⑤养殖尾水净化处理达

水循环处理设备

生物滤池及滤料

标排放。该技术适用于我国沿海地区海水工厂化养殖区域，可实现养殖用水循环利用，产量 $3\sim5kg/m^2$，具有显著的经济与生态效益。

联系人：中国水产科学研究院黄海水产研究所　李健　联系电话：13706427705

生态调控绿色养虾技术

生态调控绿色养虾技术的核心内容是设计了一种全新的虾池人工生态模型，通过在同一虾池中对藻钩虾、蝾螺蜚、拟沼螺、伪才女虫、青苔等群落生物的定量移植培育，利用它们之间的生态互补特性，在虾池中建立新的人工生态体系，与对虾建立一种新的物质循环关系，达到一个新的生态平衡。这个人工生态体系不但为对虾提供了丰富的鲜活饵料，还使虾池的底质和水质得到了净化，减少了病害的发生，利用该技术可实现如下目标：①日本对虾每 $666.7m^2$ 产 50kg 以上，凡纳滨对虾每 $666.7m^2$ 产 110kg 以上；②通过人工生态系统为对虾提供生物饵料，减少投喂；③通过人工生态系统实现病害防治；④通过人工生态系统净化虾池水质，实现对虾养殖污染零排放；⑤通过人工生态系统改善虾池底质，实现生物净化代替机械清池。

联系人：东营市海洋经济发展研究院　张士华　联系电话：13561099188

滩涂池塘凡纳滨对虾混养硬壳蛤生态养殖技术

滩涂凡纳滨对虾养殖池塘（大汪子）单池面积 $3.3\sim13.3hm^2$，水深 $50\sim150cm$，盐度 $20\sim40$，池塘冬季贝类底播区域水位保持在 50cm 左右。在不增加养殖设施的情况下，混养 $3\,000\sim6\,000$ 粒/kg 的 1 龄硬壳蛤苗种，以每 $666.7m^2$ 放养 15\,000 粒的密度，底播于占池塘面积 8%～10% 的滩面，进行跨年度养成。每 $666.7m^2$ 年产对虾 $50\sim75kg$；硬壳蛤两年育成规格 20 粒/kg 左右，成活率大于 90%，每 $666.7m^2$ 产量为 $500\sim600kg$。

该技术在不增加养殖设施及其他投入品的情况下，经过肥水、苗种底播、水质调控等技术环节，通过贝类滤水对水质的净化作用，预防对虾病虫害的发生，既提升对虾质量和产量，又新增贝类产能，使养殖效益得到显著提高。在渤海水产（滨州）有限公司底播硬壳蛤苗种 3 000kg，规格 5 000 粒/kg，密度 18 万～54 万粒/hm²，底播面积 66.7hm²，当年 10 月 15 日规格达 50～70 粒/kg，2019 年 9 月 28 日规格达 20～25 粒/kg，10 月底规格平均为 20 粒/kg 左右，硬壳蛤每 666.7m² 产量为 600～1 000kg，2018 年每 666.7m² 产对虾 61.5kg，2019 年为 75kg，硬壳蛤新增产值 240 万元，获利 175 万元。

联系人：滨州市海洋与渔业研究所　郑述河　联系电话：18005438598

罗氏沼虾北方大棚养殖技术

罗氏沼虾，具有生长快、抗逆性强、出肉率高、易于驯化、喜食人工配合饵料等优良的养殖特性，成为目前备受推崇的虾类养殖新品种。针对罗氏沼虾不耐低温，还没有适宜罗氏沼虾生长发育的全价平衡饲料等问题，从南方引进罗氏沼虾良种，在驯化养殖试验示范和不断优化创新的基础上，建立了罗氏沼虾北方大棚养殖技术。

该技术使用蛋白含量为 32% 的配合饲料，添加一定比例的大豆发酵小肽、海藻粉、益生菌粉等替代部分饲料蛋白，可以获得较快的生长速度；用小球藻、卵囊藻、益生菌调控水质；用水葫芦吸收养殖水体中的氨氮、亚硝酸盐和硫化氢等。该技术可有效提高罗氏沼虾的养殖成活率和生长速度，体长 2～3cm 的苗种，养殖 4 个月平均体重可达 30g 左右，每

666.7m² 效益可达 5 000 元左右。养殖水体温度不低于 18℃的冬季大棚可进行养殖。

联系人：山东农业大学　王慧　联系电话：13001771684

克氏原螯虾藕池生态高效健康养殖技术

克氏原螯虾俗称小龙虾。藕池养殖小龙虾是能够实现小龙虾与莲藕双丰收的一种生态高效种养有机结合的养殖模式。该技术在池塘四周开挖环形沟，其总面积应占池塘总面积的 10%左右，设进出排水口与防逃网。在环形沟内种植茭白、水草或其他水生经济植物，可为小龙虾提供栖息、隐蔽的场所，并适当减少小龙虾对藕芽的损伤。施用生物有机肥替代无机化肥。投放螺蛳等贝类，可以为小龙虾补充动物性饵料，并净化底质。混养少量鲢和鳙，定期施用益生菌等调控水质；定期泼洒生石灰、小球藻，并在饲料中添加益生菌、矿物质营养盐、海藻粉、维生素等增强体质，提高小龙虾免疫力，预防疾病。采用捕大留小的轮捕技术，促进小规格龙虾快速生长。

联系人：山东农业大学　王慧　联系电话：13001771684

黄河三角洲大规格河蟹养殖关键技术

对大规格河蟹高效生态养殖模式、生产环境改善与营造技术、生物饵料定向培育技术、饲料合理投喂技术与环保型配合饲料的应用技术、微生态制剂合理使用技术与水质综合控制技术和综合生态防病技术等进行集成创新，形成了池塘、平原型水库和芦苇湿地等不同养殖方式的大规格河蟹养殖关键技术。

推广河蟹养殖面积 12 477hm²，其中池塘养殖面积 2 411hm²、平原型水库养殖面积 7 200hm²、芦苇湿地养殖面积 2 867hm²。池塘养殖每 666.7m² 产河蟹 54.51kg，平均个体重 120g；平原型水库每 666.7m² 产河蟹 13.54kg，平均个体重 156.2g；芦苇湿地每 666.7m² 产河蟹 4.96kg，平均个体重 150g。总产量达到 3 771.94t，实现产值 33 777.25 万元，产生经济效益 24 982.63 万元。

联系人：山东省淡水渔业研究院　王志忠　联系电话：18953160565

黄河口大闸蟹池塘生态养殖技术

建立了以"早放、种草、投螺、稀放、配养"为核心的黄河口大闸蟹大规格综合生态养殖技术，制定了山东省地方标准《黄河口大闸蟹池塘生态养殖技术规程》和《黄河口大闸蟹质量要求》。该技术主要包括：①通过池塘建设工程措施，摸索出一套降低滨海盐碱地池塘土壤含盐量的技术；②在黄河口大闸蟹养殖池塘移植伊乐藻、轮叶黑藻和苦草获得成功，并总结出种植方法；③总结出黄河口大闸蟹养殖池塘套养鳜、鲢、鳙与凡纳滨对虾技术；④建立了黄河口大闸蟹池塘生态养殖技术模式。

该项技术适应于黄河口大闸蟹养殖，被中央电视台农业农村频道摄制成"黄河水里的财富"在中央台致富经栏目播出，得到国内大闸蟹养殖户的广泛关注和好评。

联系人：东营市海洋经济发展研究院　刘金明　联系电话：13376472558

硬壳蛤池塘生态混养技术

解决了硬壳蛤亲贝性腺促熟、受精孵化、幼虫培育、采苗、苗种中间培育、养殖和精深加工等关键技术难题，突破了规模化育苗、养殖和加工等技术，建立了一套适合我国国情的硬壳蛤规模化苗种繁育、养殖和加工生产技术工艺，形成了以"育苗-养殖-加工"为主线的硬壳蛤产业化技术体系和产业链，并进行了推广应用，在我国沿海形成了硬壳蛤养殖和加工产业，在福建省和江苏省沿海已推广池塘养殖面积 6 667hm² 以上，年产值数亿元。

硬壳蛤与虾、蟹、鱼等生态混养，不需额外增加池塘建设费、租赁费和人工费。每 666.7m² 放苗密度为 3 万～13 万粒，每 666.7m² 费用为 300～1 300 元，每 666.7m² 可实现产量 500～2 000kg，除虾、蟹、鱼等经济种类外每 666.7m² 增加产值 2 000～12 000 元，投入产出比为 1：（6.7～9.2）。

联系人：中国科学院海洋研究所　　张涛　　联系电话：13953232260

刺参池塘养殖安全度夏配套技术

针对夏季异常高温天气影响刺参养殖生产，导致灾害频发等问题，创新敷设遮阳网，规范关键技术参数，通过调控光照和透明度，达到控温的目的；循环利用地下井低温水资源，配套低温充气泵设施，实现控温增氧，有效调控养殖池塘水温、水质和底质，防控病敌害。该技术可使夏季养殖池塘水温控制在 31℃ 以内，使刺参生长期延长 15～20d。该技术可进一步提高刺参养殖生产技术、设施化水平和抗风险能力，促进产业绿色高效、持续健康发展，适用于山东省沿海刺参池塘养殖地区。

在山东海城生态科技集团有限公司（100hm²）、威海北海水产

开发有限公司（53hm²）、东营市海水渔业科技示范园（13hm²）的刺参养殖池塘开展了示范应用，通过综合应用遮阳网、增氧纳米管、低温充气泵等核心技术，在夏季高温期有效降低池塘水温1.5～2.8℃，水体透明度控制在30cm左右，夏季养殖情况稳好，无异常情况出现。

联系人：山东省海洋生物研究院 李成林 联系电话：13705320538

黄河三角洲刺参池塘稳产关键技术

针对黄河三角洲海域海水环境因子变动频繁，外地苗种成活率低，养殖环境调控技术还很不完善等问题，以刺参为主要研究对象，创立了黄河三角洲地区刺参苗种周年生态培育技术，分析了遮阳网模式下参池水环境的变化特征，明确了微生态制剂和生物絮团对刺参养殖环境的调控作用和对刺参生长的影响，构建了黄河三角洲刺参养殖池塘水环境调控技术和轮放轮收技术，建立了黄河三角洲大规格刺参苗种"秋放春收"养殖模式。

2015年，刺参苗种经网箱越冬保苗后，单个刺参从0.5g生长至2.5g，单个网箱刺参总重增长4倍以上，刺参苗种成活率达85.4%，每平方米保苗0.256kg；刺参度夏保苗，小白点参苗总重由480kg培养至2 470kg，由12 000头/kg生长至500头/kg，总重增加5.14倍；采用黄河三角洲大规格刺参苗种越冬养殖技术，每666.7m²产量为114.24kg；完善了刺参养殖环境调控技术，为实现黄河三角洲刺参池塘养殖的连年稳产提供了技术支持。该成果推广养殖面积1 867hm²，产值33 163.2万元，经济效益提高12.4%，经济效益十分显著。

联系人：山东省海洋资源与环境研究院 刘相全 联系电话：18153518269

黄河三角洲刺参池塘参藻混合养殖技术

针对刺参池塘养殖遇到的高温、缺氧等问题，引入了耐高温大型藻类并完善了培养技术。利用大型藻类形成的遮光作用，营造了低光照环境，降低了高温季节池塘底部水温；大型藻类通过光合作用释放氧气，并调节 pH 和盐度，稳定了池塘环境；利用大型海藻的生物滤器作用来实现水体中营养盐的转移；利用腐败的藻体作为刺参优良的食物，促进刺参的生长。

2017 年，在东营推广养殖面积 40hm²，共收获刺参 54.8t，每 666.7m² 平均产量 91.3kg；收获江蓠 315.6t，每 666.7m² 平均产量 526kg，产值 579.6 万元，经济效益提高 23.6%。

联系人：山东省海洋资源与环境研究院　刘义豪　联系电话：13583565356

基于生态食物链的刺参与短蛸混养技术

黄河三角洲地区海水中浮游微生物种类多，生物量大，这些浮游动物争夺刺参饵料，对刺参生长产生不利影响；在刺参生长季节，养殖池塘中小杂虾蟹类较多，影响刺参正常的摄食活动。针对以上两个刺参养殖过程中存在的问题，利用短蛸不摄食刺参的生物习性，消除刺参养殖池塘内不利于刺参生长的有害生物，增加刺参的成活率，同时提高短蛸的产量。

2016—2018 年，在山东省海洋资源与环境研究院东营养殖基地和山东华春渔业有限公司，在调研了不同季节刺参养殖池塘中主要浮游动植物的种类、生物量等本底特征的基础上，以短蛸为"生物防控工具"，对刺参养殖池塘进行了敌害生物的防控，设计了室外短蛸与刺参的混养池塘 0.67hm²，每 666.7m² 投放栖底期短蛸幼体 5 000～10 000 头；根据土池的初级生产力和食物链关系，一次性或多次性投放低值贝类和低质甲壳类作为短蛸亲体的活体饵料。经过 3～4 个月的养殖，短蛸达到 60～100g 商品规格，共计收获短蛸 2 750kg，每 666.7m² 平均增产 1.3 万元以上。刺参养殖池塘内蟹类明显减少，刺参成活率提高 3% 以上。

联系人：山东省海洋资源与环境研究院　王卫军　联系电话：18153518238

刺参良种生态高效增养殖设施和关键技术

构建了国内首个耐高温刺参种质资源库，选育的耐高温速生刺参与常温刺参相比可提前17d解除夏眠，耐高温性提高约1℃，选育品系幼参生长速度比未选育组提高29%。近5年间共培育耐高温速生刺参三代，苗种1 537万头，在夏季高温条件下苗种生长速度比未选育苗种提高28.3%～80.3%，成活率提高15%。建立了刺参"原生态"苗种繁育技术，3 000头/kg的苗种20d成活率为97.3%，体重增加了20%；4个月后成活率为71.2%，体重增加489%。建立和优化了天鹅湖大叶藻生态系统刺参资源修复技术，共培育刺参生态苗种30.1万头，资源量提高20%以上。

建立了生境改良型刺参围堰增养殖模式，苗种成活率提高40%，产量增加40%以上；建立了生境改良型刺参海湾底播养殖模式，成活率达70%，回捕率达50%，产量比改良前增加30%。根据刺参生态位特征及其与鱼、贝、藻（草）的相互关系，建立了

培育的刺参生态苗种

投放人工鱼礁及投放后效果

人工礁区"藻鲍参"、离岸岛屿"藻鱼参"和天然潟湖"草参贝"多元化增养殖新模式。

联系人：中国科学院海洋研究所　刘石林　联系电话：18561807239

海水高效循环水育苗养成设施设备产业化开发及健康养殖技术

我国工厂化高密度育苗应具备的高溶解氧、控温、水质净化技术还比较落后。该项目开发的循环水成套水处理设备主要用于高密度循环水水产育苗与养成生产，具有投资小、运行成本低、易管理的优点。该设备集去除固体废弃物、去除水溶性有害物、杀菌消毒、增氧等功能于一体，使养殖排放水能够得到二次使用，节省了水消耗，大大缓解了地下水资源日益匮乏的状况；减少了养殖排放对环境污染；增加了养殖密度，减少了病害发生；降低了生产成本，提高了经济效益。该项目的工艺和设备的实际水平已接近或达到了国际水平，而售价仅为国外产品的1/10，产品的经济寿命期在30年左右。目前，国内其他科研单位和厂家还没有专门开展相关技术设备研究或进行成套设备生产，仅有少数几个厂家生产单体设备且均存在生产规模小、产品技术含量低、销售渠道不畅等问题。该项目实现了国际先进装备的本土化，具有"适用、好用、经济"的特点。该项目已通过科技部组织的6次验收，申请专利10项，已授权发明专利5项，实用新型专利2项，待授权专利3项，省级新产品1项；已完成生产中试，并在山东、辽宁、江苏、浙江等地的16个示范点得到生产应用，推广面积超过12 000m²。

联系人：中国科学院海洋研究所　孙建明　联系电话：13704113597

节能环保型循环水养殖工程装备与关键技术

针对海水养殖耗水耗地、环境可控度差等制约产业发展的难题，围绕高效养殖与节能减排，突破了循环水养殖关键技术瓶颈，研制出系列循环水水处理关键工程装备，构建了鱼类循环水高效养殖技术体系，创建了多种养殖排放水资源化、无害化利用技术，探明了循环水养殖与环境调控的基本原理，实现了海水循环水养殖技术产业化，有力支撑了行业的绿色发展。该技术在养殖用水预处理工艺、循环水处理关键装备研制和循环水养殖系统构建方面处于国际领先水平。

自 2011 年开始，该技术在辽宁、河北、天津、山东、江苏、浙江、福建、海南、新疆、安徽等省（直辖市、自治区）建立推广应用基地 25 家，涉及鲆鲽类、石斑鱼、红鳍东方鲀、鲳、大黄鱼、鲟等鱼类养殖品种，推广面积 37.61 万 m^2。

应用该技术成果的企业数占全国循环水养殖企业总数的 16%，其建设面积和运行面积分别占后者的 33% 和 59%。该技术引领了我国循环水养殖产业的升级换代，实现了海水鱼类循环水养殖的产业化。此外，该技术成果还对虾、海参等养殖品种进行了示范应用。

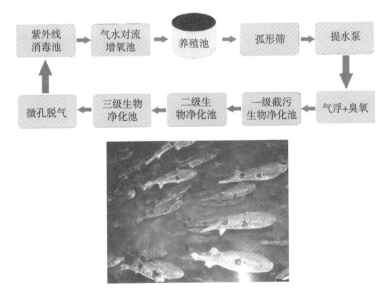

联系人：中国水产科学研究院黄海水产研究所　曲克明　联系电话：13608967599

大型管桩生态围栏构建及立体养殖技术

针对黄渤海区远海开放海域特殊的海况条件及养殖设施大型化与智能化发展需求，先后突破了大型养殖围栏钢桩防腐处理、海上打桩精准定位、侧网与海底防逃固定、网衣与钢桩安全装配、水上平台构建及主体设施安全性数值计算等关键技术，配套研发了鱼苗转运投放、饲料投喂、成鱼收获、物联网监控等附属装备，基本实现了大型围栏养殖的自动化与智能化操控管理。构建的水上多功能平台设有养殖废弃物与生活污水处理、休闲垂钓与海上观光等设施，拓展了大型围栏的生态渔业功能。

该大型化海洋养殖设施不仅具有良好的抗风浪和耐流性能，而且可充分利用海域的水体空间，实现不同水层鱼类的立体化养殖，并为体表易于擦伤的集群性鱼类（如大黄鱼）和底栖性鱼类（如鲆鲽类）养殖提供了解决方案。

目前已在莱州湾远海开放海域建成目前国内圈养水体最大的钢制管桩生态围栏 1 座，养殖水体达到 16 万 m^3。2018—2019 年开展了黄条鰤、云龙石斑鱼和斑石鲷陆海接力活鱼转运、放养、投喂和起捕实验，取得了良好的效果。

联系人：中国水产科学研究院黄海水产研究所　关长涛　联系电话：13964233159

人工海藻场构建技术

围绕人工海藻场构建，基于苗种人工繁育、附着基接种、海藻场选址、潮间带苗圃建设、人工海藻场引种等多环节研究，系统形成了人工海藻场构建技术，该技术适用于北方沿海近岸大型海藻资源补育及增殖。

在苗种人工繁育方面，研究了鼠尾藻、海黍子、羊栖菜、铜藻等大型马尾藻类海藻雌雄同步促熟、受精卵高效采集等技术；在附着基接种方面，研究了附着基材质、造型、组合方式等；在海藻场选址方面，建立了基于无人机遥感的地理信息分析技术，能对人工海藻场选址进行分析预判进而实现科学选址；在近岸苗圃建设方面，研究了基底整备、海藻场梯田建设等。在人工海藻场引种方面，研究了位置选择、藻礁固定、投放、日常维护等；在潮间带海藻场基底整备方法、种菜同步促熟方法、增养殖方法、增养殖防护设施与技术等方面形成了自主知识产权。获授权发明专利6项，实用新型专利4项。

在山东荣成、长岛等地开展了人工海藻场建设工作，取得了良好的示范效果。近三年累计增殖海藻总面积 467hm² 以上，增殖海藻 2 100t 以上。

联系人：山东省海洋生物研究院　丁刚　联系电话：18561729935

人工鱼礁选址与礁区布局技术

在对拟建设人工鱼礁海域自然环境、海域环境质量状况、生物资源状况及区域海底水深测量、浅地层剖面、海洋工程地质浅钻、底质柱状样等全面调查的基础上，掌握拟建设海域的资源、生态、水文、海底地形地貌、流场、海底浅部地层特征、海洋沉积物组成和地基承载力等基本特征，确定海区投礁可行性，合理选划适宜投礁区域，推荐不同海域特征的适宜礁型，设计优化礁区布局。基于地基承载力、海流、水深等主要指标体系，完善了礁区选址技术，提高了鱼礁建设项目的科学性和实效性。

选址技术和针对不同海区的礁型选择和布局技术，有效避免了人工鱼礁选址的盲目性，减小了由于选址不当造成的鱼礁投放后掩埋、倾覆和移位等风险。

近几年，已对长岛、牟平、莱州、荣成等地 10 多处拟建人工鱼礁海域进行合理选划调整，科学地指导了人工鱼礁建设。在对拟建海域进行全面本底调查、科学选址、合理布局的基础上，有效地规避了由于选址不当造成的各种不利影响，提高了人工鱼礁和海洋牧场建设的增殖效果和生态效应。

联系人：山东省海洋资源与环境研究院　张焕君　联系电话：18153518135

水产养殖动物主要病原快速检测技术

研制出病原单克隆抗体，应用胶体金免疫层析技术，研制出对虾白斑综合征病毒（WSSV）胶体金检测试纸、WSSV 半定量快速检测试纸、鱼类淋巴囊肿病毒（LCDV）胶体金试纸条、牙鲆弹状病毒（HIRRV）胶体金试纸条、鱼类病原性弧菌快速检测试纸等，用于鱼虾主要病原的现场、多病原/多样品、快速、准确检测诊断。现场仅需 3～5min 即可进行检测，不需要专业人员，检测结果肉眼可见。

该系列技术产品应用于养殖生产过程中病原的实时检测及早期诊断和进口鱼虾的检疫，可满足海水养殖动物疾病监控预警需求，能够有效预防养殖过程中疾病的发生和流行，降低养殖风险。

联系人：中国海洋大学　邢婧　联系电话：13371486238

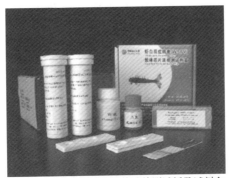

水产养殖动物主要病原的快速检测试纸及试剂盒

海水养殖动物病害控制技术

在对南北方海水养殖鱼类大规模流行性疾病调查的基础上，分离主要致病菌，对分离的病原菌进行分离纯化、鉴定和分类。经研究发现，溶藻弧菌、海藻施万氏菌、鳗弧菌等是造成南北方养殖鱼类、笛鲷、红拟石首鱼、石斑鱼、牙鲆、大菱鲆等大规模死亡的主要病原菌。在确定病原菌的基础上，进行了致病因子的分离纯化研究，随后又系统地进行了致病因子作用过程的研究。在此基础上，研制和发明了主要病原菌的快速检测试剂盒，为海水鱼类细菌性疾病早期快速诊断提供了关键技术；制备了灭活细菌疫苗，对我国南方和北方海水养殖鱼类进行了较大规模的疫苗接种及病菌感染实验，结果显示，被接种疫苗的鱼保护率达100％，而同时进行感染实验的对照鱼全部死亡，证明疫苗的效果十分显著。该技术已通过专家验收，获得广东省科学技术奖励，申请国家发明专利2项，授权专利1项。

联系人：中国科学院海洋研究所　孙庆磊　联系电话：15266230196

对虾急性肝胰腺坏死病的防控技术

近年来，对虾急性肝胰腺坏死病（AHPND）传播面积广、致病力强、死亡率高，个别地区排塘率高达 80%，甚至绝产，造成我国对虾养殖业巨大的经济损失。通过流行病学和病原学的研究，确定了 AHPND 具有病原多样性的特点。该技术针对 AHPND 病原筛选出聚六亚甲基胍消毒剂、专用中草药、免疫增强剂、藻胶黏合剂等产品，建立了一整套疾病防控技术，其主要特点有：①适用于池塘、工厂化等多种对虾养殖模式，以及凡纳滨对虾、中国对虾等不同的对虾养殖品种；②对对虾 AHPND 的防控效果良好，在提前预防的情况下，可以杜绝该病的发生；③所使用的防控技术产品安全、无污染，不会产生药残药害，可以保障对虾的养成品质；④操作方法简便，防控成本低，适宜大面积推广。

运用该技术先后在山东、河北、天津、辽宁、江苏、浙江、福建、广东等地 30 余处养殖场进行防控中试。临床应用证实，在疾病流行期间的预防效果良好，可基本杜绝疾病的暴发；对于早期发病的养殖单元，其治愈率达到 80% 以上，对虾养殖成活率大大增高，其中高位池单茬产量每 666.7m² 达到 2 109.8kg 以上，小棚每 666.7m² 单茬产量 767kg，传统室外池塘每 666.7m² 单茬产量 304.5kg，室内工厂化单茬产量 10kg/m³，而未采取治疗措施的大部分池塘因暴发 AHPND 而排塘。该套防控技术实用性强，可有效降低发病率，临床治愈率高，突破了 AHPND 难以治疗的养殖瓶颈。该技术已推广到沿海对虾主产区，技术培训 4 000 人次，挽回经济损失 15 亿元。

联系人：中国水产科学研究院黄海水产研究所　王印庚　联系电话：13969877169

虾蟹类富水性组织器官石蜡切片显微观察创新制片技术

由于虾蟹类是水生无脊椎动物，其各种组织器官的含水量高，尤其是鳃组织和肝胰腺（中肠腺）组织。采用常规的石蜡组织切片方法，难以固定其肝胰腺组织，易造成组织破碎、重叠，严重影响组织切片的显微观察。

该技术通过对样品进行负压处理，再进行固定和包埋，继而对组织进行定型、延展，可避免褶皱重叠，减小由组织富水性（易弹变、易碎）导致的误差。具有操作简便、可行性强、周期短等特点，对于组织形态质地太软、较难固定、富水性高的虾蟹类组织器官，具有很好的组织区分度。

技术指标：①鳃组织，纵切面鳃叶排列整齐、结构紧密，横切面鳃腺呈现辐射状的菊花结构，肾原细胞排列具有规律性，为锥形。②肝胰腺（中肠腺）组织，肝小管纵切面排列整齐，横切面成星状，结构清晰完整，纵切面延展性好，组织充实饱满，符合正常生理状态，组织铺展清晰、无重叠。

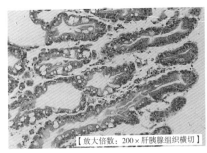
【放大倍数：200×肝胰腺组织横切】

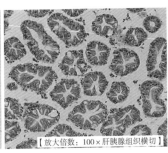
【放大倍数：100×肝胰腺组织横切】

联系人：山东农业大学　王慧　朱鹏　联系电话：13001771684

养殖刺参高温灾害防控技术

针对近年来夏季高温对池塘养殖刺参造成的毁灭性打击，以具有抗病、耐高温和生长速度快优良性状的刺参"参优1号"（品种登记号：GS-01-016-2017）新品种为种质基础，针对池塘高温期水质、底质特点，优化了换水充氧工艺，完善了池塘工程化改造技术、水色调节技术、水质调控技术和底质调控技术等，建立了"抗逆新品种＋环境调控＋工艺优化"一体化的高温灾害防控技术体系。主要特点有：①从良种＋良法＋良境＋良策角度，建立一体化的高温灾害防控技术；②利用微生态制剂和由天然藻类提取物制备的水色调节剂等生态技术产品进行底质和水质调节，对防止药物滥用、保障绿色生产具有重要意义；③研发了刺参养殖池塘底部蓄冷降温装置，主动掌控池塘底层水温，从而使海参安全度夏。

运用该技术在山东、河北等刺参主产区的刺参养殖池塘进行应用示范，2018年在水温33～34℃高温灾害条件下，养殖刺参成活率较未采用高温灾害防控技术体系平均提高23%，表现出了较高的抗高温能力。该技术体系的建立促进了刺参养殖产业良种化进程，对抵抗高温和病害灾害，提高养殖成活率和养殖效益具有重要的现实意义。

联系人：中国水产科学研究院黄海水产研究所　王印庚　联系电话：13969877169

传统鱼露增效提质新技术

针对消费者不易接受传统鱼露太咸太腥的味道，以及发酵过程产生生物胺和原料中重金属残留等问题，研发出应用降胺菌、脱重金属活性微球等传统鱼露增效提质新技术。

通过该技术可以使传统鱼露达到以下增效提质效果：①鱼露/鱼酱油盐含量可降至18％左右；②鱼露/鱼酱油除保留传统的高级鱼露风味外，腥味减轻；③鱼露/鱼酱油中氨基酸态氮（以氮计）≥0.01g/mL；砷（以As计）少于0.5mg/kg；其他重金属指标符合GB 10134—1988的规定。④生物胺总量在原有基础上减少60％以上，其中组胺的残留量达到国际标准要求。⑤通过该技术生产的产品，其质量及安全标准达到国内同类产品先进水平。

该技术只需微生物培养设施制备降胺菌，利用食用生物材料降盐脱重金属，利用鱼露企业现有的设施就能进行新旧动能转换，不需要设备投入。

联系人：中国海洋大学　徐莹　联系电话：13969779415

高游离氨基酸鳀鱼调味品速酿技术

针对现有酱油及鱼露类调味品发酵时间长、发酵工艺复杂、批次质量不稳定和产品含盐量过高等弊端，开发了酶催化-微生物纯种液态发酵耦合技术，用于高游离氨基酸鳀鱼调味品的快速高效制备，发酵周期可由传统工艺的6个月缩短为3d。该技术可大幅提高产品中游离氨基酸含量、增加功能肽种类，产品鲜味明显、口感醇厚、回味丰富，达到特级酱油标准。同时，产品还具有一定的抗氧化功能活性。

技术指标：①生产周期为72h；②产品氨基态氮含量＞8.0g/L；③抗氧化活性（DPPH清除率）＞50％。

联系人：中国海洋大学　孙建安　联系电话：15153295798

海洋功能寡糖的高效生物法制备技术

聚焦大宗海洋藻类资源——红藻的高值化和高质化转化利用，通过具有自主知识产权的多个海洋琼胶酶将红藻多糖定向酶解，得到聚合度为 2～5 的琼胶寡糖。经功能实验验证，所得到的琼胶寡糖具有调节肠道微生物菌群结构、缓解运动疲劳和提高免疫力的效果，已研制出一种具有缓解机体疲劳的海洋功能饮料，经实验验证，饮用该饮料可起到缓解运动疲劳、增强运动能力和增加免疫力的效果。

利用成果中的 β-琼胶酶（AgWH50C）、β-琼胶酶（AgWH50B）及 α-新琼二糖水解酶（AgWH117）进行复合酶解，可定向制备 L-3,6-内醚半乳糖、新琼二糖、新琼四糖、琼三糖和琼五糖等海洋功能寡糖。

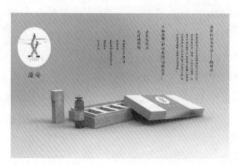

联系人：中国海洋大学　孙建安　联系电话：15153295798

海洋功能性黄酒酿造技术

利用现代可控生物发酵与定向酶解技术，结合即墨老酒传统生产工艺，对海洋优质蛋白源牡蛎进行精深加工，加工过程有效脱除牡蛎具有的腥味，同时将牡蛎所富含的蛋白质、牡蛎多肽、牡蛎多糖、多不饱和脂肪酸、牛磺酸、维生素和矿物质等营养物质尽可能地转化进入黄酒中，研制出新型保健黄酒——牡蛎黄酒。牡蛎黄酒中氨基酸含量比普通黄酒提高 92.2%，4 种必需氨基酸——缬氨酸、苯丙氨酸、异亮氨酸、亮氨酸增幅明显；非蛋白质氨基酸含量增加了 83.6%，牛磺酸含量为普通黄酒的 134.9 倍；牡蛎黄酒矿物质元素含量比普通黄酒增加 68.5%，其中锌元素为普通黄酒的 3.30 倍。

技术指标：①氨基酸含量为 1 634.9mg/L；②牛磺酸含量为 144.7mg/L；③矿物质元素含量为 2 285.9mg/kg。

联系人：中国海洋大学　江晓路　联系电话：13808981437

绿藻资源的生物转化关键技术

针对绿藻生物质资源（浒苔、石莼）藻体胞壁特性、多糖结构、理化质构特性及生物活性进行系统研究，系统阐明了绿藻糖链分子结构、理化性质、生物学功能及其空间定量构效关系，首次构建了绿藻多糖工具酶系并阐明了酶多位点催化与调控机制，探索出一系列具有自主知识产权的绿藻生物工程技术，攻克了海藻温和高效转化关键技术，率先实现绿藻综合利用及其产品的成果转化与产业化推广，以及生物乙醇、精准生物肥、绿藻多糖等农用制品的规模化生产。

建立了绿藻资源的生物转化关键技术，突破了藻体温和破壁液化与高效提取转化技术瓶颈，开发了具有自主知识产权菌株的绿藻工具酶的液体高通量发酵与规模化制备技术。

构建了基于计算机在线智能控制的硫酸鼠李低聚糖酶法精准制备技术、人工智能神经网络下的糖链构效实时预测系统、稳定性叶绿素制取以及非酸温和预处理乙醇转化技术，开拓了绿藻资源高值化综合利用的新领域。

技术指标：①绿藻多糖酶法降解率为 61.21%；②硫酸鼠李多糖占比为 65.3%；③藻渣乙醇转化率为 132g/kg。

改性叶绿素粉末

绿藻多糖工具酶

硫酸鼠李多糖

系列绿藻农用制品

联系人：中国海洋大学　　王鹏　　联系电话：13869890681

生物法提取甲壳素技术

该技术实现了高品质虾头甲壳素的生物法制备，同时还可得到富含生物活性物质的虾头蛋白粉和易于人体吸收利用的有机酸钙，实现了虾头的绿色高值化开发利用。该技术以具有自主知识产权的地衣芽孢杆菌和氧化葡萄糖杆菌为工具微生物，通过两种微生物的协同发酵作用，达到虾头甲壳素的高效提取。在发酵过程中不需要加入任何酸碱，采用自来水即可发酵，大大降低了生产成本。发酵后所得甲壳素呈现多孔层状组织和裂隙密集结构，与化学法脱除蛋白质和灰分相比，甲壳素结构没有被破坏。

协同发酵过程将虾头中的蛋白质酶解为更易被吸收利用的游离氨基酸和多肽，虾头中的不溶性钙盐碳酸钙也被转化为可溶性钙盐葡萄糖酸钙，最终实现虾头的高值化综合开发利用。所得系列产品可广泛应用于生产调味品、功能性食品、保健品等各个领域。该技术实现了虾头原料中有效成分的全面利用，克服了传统甲壳素生产方法中大量使用盐酸、氢氧化钠，并产生大量废水的缺点，减少了环境污染，提高了产品的品质和生物安全性。

技术指标：①脱蛋白率＞85％；②脱钙率＞90％。

联系人：中国海洋大学　孙建安　联系电话：15153295798

双壳贝类海洋食品加工技术

综合利用现代食品加工技术，以健康饮食新观念作为切入点，将贝类与蔬菜等进行营养配伍，确立了牡蛎、蛤蜊等风味产品质地调制技术，实现产品黏稠度、醇厚感、颗粒度等最佳状态；建立了扇贝特有加工工艺及风味产品调制、香料水熏制技术。开发出牡蛎沙司、海鲜酱、蛤仔酱等调味食品，产品集营养、保健、美味于一体，食用方便，并结合人体营养需求和口味不同，细化配方研制出多款口味，适应不同消费需求。

该加工技术符合现代食品研发方向，有助于推进贝类加工产业体系的建立，降低生产成本、减少环境污染，进一步推动养殖、加工、流通等产业相互融合、协调发展，并可为其他贝类深加工提供技术支持，沿海贝类产区加工企业均可加以利用和推广。

青岛津赢海洋科技有限公司应用相关发明技术，生产牡蛎系列制品（原味、香味、辣味）48.5t，实现产值325.2万元；生产海鲜酱原味产品（原味、辣味）30t，实现产值289.8万元。产品主

要销往超市、商场、高档酒店等，深受消费者喜爱，市场反馈良好。

联系人：山东省海洋生物研究院　王颖　联系电话：13305325063

扇贝下脚料高值利用技术

通过对整个扇贝下脚料包括扇贝壳、裙边、内脏囊进行系统的研究，开发出扇贝裙边和内脏囊的酶解与发酵技术、蛋白质提取技术、不饱和脂肪酸提取技术、糖胺聚糖提取技术、牛磺酸提取技术；研制出蛋白粉、磷酸氢钙等多个高附加值产品。该技术的实施将对促进扇贝养殖和加工业发展以及提高养殖户的收入起到巨大的作用，促进循环经济的发展；该技术产品可应用于食品、保健食品、饲料添加剂等，可推动食品、保健品、饲料等行业的发展；同时，该技术将大量的扇贝加工过程中产生的裙边、内脏和壳等直接利用，减少了资源的浪费和环境污染。

联系人：中国科学院海洋研究所　刘松　联系电话：13361261856

高品质海参加工技术

针对近年来海参加工领域的研究热点，围绕鲜海参的储藏期限短，海参预煮、盐渍、脱盐、干燥等加工过程中营养损失严重，干海参发制步骤烦琐等问题，以仿刺参为研究对象，研究仿刺参盐渍过程和脱盐过程的关键因素对仿刺参品质的影响，优化了仿刺参盐渍工艺条件和盐渍仿刺参脱盐工艺条件。对仿刺参在恒温热风干燥中水分含量、复水特性和质构特性进行研究分析，明确了仿刺参梯度干燥转化时间，确定了仿刺参二级梯度热风干燥条件。通过对盐渍海参脱盐、熟化和干燥过程的研究，开发出一种不需要泡-煮-泡烦琐工艺发制，仅需要热水浸泡 6～8h 即可食用的干海参，确定了免发干海参的制作工艺条件，制得的干海参符合国家干海参一级标准。

本技术利用常规检测手段、组织切片和质构仪，结合感官评定研究海参从鲜活到干制整个加工环节的品质变化规律和动力学模型，筛选出加工过程中每个环节的最佳工艺条件，减少加工工序和营养损失，为海参加工提供科学依据及理论基础，满足人们日益增长的对高品质海参产品的消费需求，具有较高的社会效益和经济效益。

联系人：山东省海洋资源与环境研究院　张健　联系电话：18153518121

基于海参加工废弃物活性肽的功能制品开发技术

为解决当前海参加工废弃物利用率低、附加值低的问题，并减轻环境负担，本技术以海参加工废弃物为原料，通过建立可控生物酶解技术以及高效、精准、便捷的酶解可预测数学动力学模型，选择超临界 CO_2 萃取技术进行海参废弃物酶解产物中脂肪成分与多肽组分的分离，确定最佳萃取工艺条件，研究超滤膜分离效果的影响因素并优化膜分离的操作工艺和操作程序，采用多种技术联合制备海参加工废弃物活性肽，使目标产物明确、条件温和、能耗低、纯度高、活性高。以经过验证的活性肽特定功效为切入点，可根据市场需求有针对性地开发多种功能制品。

本技术以海参加工废弃物为原料，以节能环保、循环经济为导向，以高值化利用为目标，充分创新利用现代高新加工技术及其技术集成解决海参加工行业多项共性关键技术，积极拓展对海参加工废弃物活性肽资源的生产和利用途径。开发出 2 种活性肽制品，并实现产业化生产；研发刺参软胶囊和"参白壹号"生物胶囊 2 种具有明确功效的功能食品及保健品；建立海参加工副产物功能产品生产线 1 条。

联系人：山东省海洋资源与环境研究院　张健　联系电话：18153518121

水产配合饲料中新型蛋白源的开发技术

针对水产动物对陆生植物原料和海藻加工副产物利用效率低下这一问题，应用定向酶解技术进行原料处理，在此基础上实现酶解后的原料替代天然植物原料、鱼粉蛋白、海藻粉等，并在补充限制性氨基酸蛋氨酸的协同下，构建基于肽营养形式的海水鱼类、刺参配合饲料营养优化策略，并集成以上研究成果进行海水鱼类专用配合饲料以及刺参配合饲料的成果转化、推广应用。该技术主要特点包括：①针对不同原料营养结构特点建立定向酶解的最佳条件及组合，实现植物蛋白及海藻渣的增值高效生态化利用；②将酶解植物蛋白引入水产动物饲料中，构建高效的"肽营养模式"，从而实现对昂贵水产蛋白的科学替代，建立替代策略，精准调控鱼体氮营养素代谢；③对海藻渣实现酶解增值处理，建立其在刺参、海水鱼饲料中的应用研究，实现海藻渣生态化利用。

本技术为国内首次开展酶解植物蛋白替代鱼粉、海藻蛋白，促进了植物蛋白及海藻渣蛋白的高效利用。成果转化形成的各种类型的海水鱼和刺参配合饲料在山东、辽宁、河北、江苏、福建等地的海水鱼和刺参养殖中已有很高的普及率，促生长效果明显，并且降低了养殖对象疾病的发生，深受养殖企业和养殖用户的喜爱。

联系人：山东省海洋资源与环境研究院　宋志东　联系电话：18153518225

营养素"微平衡"环境友好型海水渔用配合饲料的配制技术

针对我国海水养殖中饵料营养素利用率低及养殖自身污染等问题，以山东省主要的经济养殖品种海参和大菱鲆为研究对象，调节饲料氨基酸、脂肪酸、微量元素平衡，合理利用新型饲料原料和生物活性物质，提高养殖动物对饲料营养素的吸收利用率；通过密度控制、真空喷涂等新型饲料加工工艺，优化饲料的物理性状、提高能量水平。该技术的主要特点包括：①明确了海参及大菱鲆对"微元素"的营养需求，建立了营养素"微平衡"模式；②开发了发酵豆粕、酶解植物蛋白和复合动植物蛋白等新型饲料原料并应用于生产中；③筛选了高效功能性饲料添加剂，并应用在海参及大菱鲆配合饲料中，提高了养殖动物的免疫力和摄食率；④形成了新型饲料加工工艺，可有效控制饲料的密度和能量水平。

营养素"微平衡"环境友好型海水渔用配合饲料的配制技术提高饲料利用率 15％以上，减少 N、P 排放达 5％以上。2016 年至今，在山东升索渔用饲料研究中心进行了成果转化，累计销售该技术产品 20 000 多吨。

联系人：山东省海洋资源与环境研究院　李宝山　联系电话：18153518131

益生元发酵型海参饲料及制备技术

通过益生元改善海参肠道菌群状况，促进海参的生长，提高海参免疫力。该技术可以达到如下效果：①选择性地促进海参肠道内有益菌的繁殖，改善海参肠道环境，恢复其肠道微生物多样性，进而提高海参抗病能力，减少抗生素在海参养殖中的使用；②使饲料更容易被消化吸收，提高饲料利用率；③富含有益菌及其代谢产物，有助于海参肠道健康，稳定的肠道菌群可以提高海参生长速度、增重率，促进海参养殖效率，提高单位水体的产量。

喂养益生元发酵型海参饲料对稚参体腔细胞吞噬活性和酚氧化酶活性影响明显，稚参体腔细胞的平均吞噬活性相较于对照组提高了 1 倍；稚参体液的酚氧化酶活性比对照组提高了 50％；平均增重率达 106.2％，相比普通喂养的稚参增重率提高了 16.8％；平均成活率为 96.5％，比普通喂养的稚参提高 5％。该技术在东营海跃水产科技有限公司进行规模化养殖应用，海参产量提高 10％以上。

联系人：中国科学院烟台海岸带研究所　衣悦涛　联系电话：15688531263

新型绿潮藻饲料技术

以绿潮藻浒苔为主要植物源开发针对不同水产动物营养需求的新型优质水产饲料，能有效提高养殖对象机体抗病能力，减少药物使用，缓解养殖环境压力。浒苔经漂烫及分阶段烘烤工艺后，可有效提高烘干效率，降低能耗，保留营养成分，真空贮存 3 年后蛋白质流失率仅为 10.6％，为工业化生产提供有效技术支持。针对浒苔的细胞结构、营养成分及幼参营养需求、消化能力和摄食特点等开发幼参配合饲料1种，投喂后的刺参生长状况良好，60d投喂特定生长率达1.80，成活率高达92%，饵料转化率达44%以上，饵料系数低，饲料消化率高，幼参抗应激能力强。开发大菱鲆饲料1种，可明显增加大菱鲆摄食率，降低饵料系数，投喂效果良好。授权发明专利1项，实用新型专利1项。

该技术易于推广，可有效提高生产设备利用率，降低生产成本。开发的饲料产品能显著提高饲料利用率，具有良好的适口性和诱食效果。目前，青岛朗格生物技术有限公司应用该技术已生产幼参饲料530t，实现产值578万元。

联系人：山东省海洋生物研究院　王颖　联系电话：13305325063

水产品中八种雌激素测定技术

根据化合物的极性和相似相溶的原理，结合回收率、对杂质的提取程度等指标，选定了一种提取效率相对较高的提取溶剂；根据不同水产品不同组织的特性，选择了不同的净化条件；比较了BSTFA（含1%TMCS）、五氟丙酸酐、七氟丁酸酐、五氟苯甲酰氯等衍生试剂的衍生效果，确定了用七氟丁酸酐作为衍生试剂并对衍生反应条件进行了优化；通过对色谱、质谱条件的研究，分别建立了气相色谱质谱联用和液相色谱串联质谱联用的检测方法，并对仪器参数进行了优化。在以上研究的基础上，首次建立了水产品中辛酚、壬酚、双酚 A、己烯雌酚、17α-乙炔雌二醇、17β-雌二醇、雌酮、雌三醇八种雌激素化合物的色谱-质谱联用测定技术。用于实际样品的测定，八种雌激素化合物的回收率均达到 80% 以上。该技术的建立为水产品质量安全监督检验机构提供了科学的检测依据，在各级渔业行政主管部门组织的水产品质量安全监管中发挥了重要作用，增强了各级管理部门对禁用药物的监控效能，保障了食用安全，同时能反映环境雌激素对水产品的污染状况，为海洋与渔业环境保护提供合理的建议，社会、生态效益非常显著。

《水产品中己烯雌酚残留检测 气相色谱-质谱法》被发布为国家标准（农业部 1163 号公告-9-2009），并在全国范围内组织了宣传并贯彻实行，农业农村部产地水产品质量安全监督抽查、山东省水产品质量安全监督抽查等均规定此标准为水产品中己烯雌酚残留测定方法。山东省质量技术监督局批准发布了《水产品中雌激素残留量的测定 气相色谱质谱法》（DB 37/T 1778—2011）。《食品安全国家标准 水产品中辛基酚、壬基酚、双酚 A、己烯雌酚、雌酮、17α-乙炔雌二醇、17β-雌二醇、雌三醇残留量的测定 气相色谱质谱法》（GB 31660.2—2019）自 2020 年 4 月 1 日起实施。

联系人：山东省海洋资源与环境研究院 徐英江 联系电话：18660568895

海湾生境资源修复和海洋牧场建设关键技术

针对海洋牧场建设及海湾生境受损现状，研发了 1 种平铺地毯式种子播种技术，种子萌发率由自然萌发率不足 15% 提高到 38%，两年后形成斑块草床，平均植株密度可达 68.8 株/m^2；研发了 5 种大叶藻植株移植技术，植株移植成活率均达 80% 以上（国际上低于 50%）。研发了新型专用人工鱼礁，实现了海湾受损生境的改良和修复。设计制作了 4 种新型人工鱼礁，通过人工鱼礁结构与功能优化设计，"因湾制宜"综合应用以上设施，拓展了资源增殖生态空间。

突破了关键种扩繁技术，为海湾资源养护提供了优质苗种保障。研制了刺参生态苗种培育立体多层新设施，建立了池塘刺参生态苗种培育新技术，9 个月苗种平均增重达 59.5 倍，平均成活率达 52.5％，规格为 0.55g/头的苗种平均密度达 28.4 头/m²。首次解决了幼虫漂浮粘连难题，构建了幼虫稳定高效培育技术，培育密度比常规方法提高 2～3 倍，突破了栉江珧苗种繁育的瓶颈。

针对海洋牧场生物资源管理、资源养护效果评价技术体系，首次建立了刺参 T 形标记法、石灰环嵌套标记法，突破了刺参长期标记的技术难题，刺参 3 个月标签保留率达 93.3％。开发了湿重视频测量技术、VPS（水下定位系统）生物遥测技术和双目立体视频测量技术，有效解决了刺参、鱼类在海区生活状态下活体质量难以准确测量的难题，视频测量技术实现了刺参湿重的非接触式快速准确测定（预测模型相关系数 R^2 高达 0.92）；鱼类 VPS 生物遥测结合生物标记技术实现了鱼类游泳瞬时速度的测定和游泳轨迹的追踪，接收器最大跟踪距离为 500m，三维定位精度为 1m；鱼类双目立体视频测量技术水下测量精度达 1.2cm，误差仅为 5％。

海藻移植技术

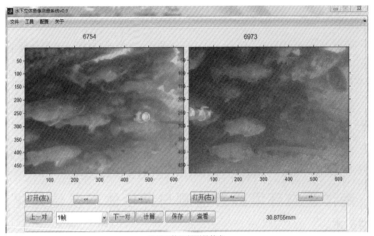

双目立体视频测量技术

联系人：中国科学院海洋研究所 张涛 联系电话：13953232260

黄渤海重要经济生物产卵场修复与重建技术

针对海洋生物资源可持续利用和海洋环境保护的需要，该技术通过产卵场调查，确定黄渤海主要产卵场和重要经济种类产卵场范围，开展关键种增殖放流修复。该技术主要解决了以下问题：①界定了重要产卵场分布范围。黄渤海近岸重要经济种类产卵场总面积1.65万 km²，其中山东近海产卵场总面积1.30万 km²，与10年前相比下降14%，分布范围亦发生明显变化。②绘制了12个重要经济种产卵场分布图。绘制了蓝点马鲛、鳀、斑鰶、赤鼻棱鳀、小黄鱼、银鲳、中国对虾、许氏平鲉、大泷六线鱼、黑鲷、三疣梭子蟹、口虾蛄的产卵场分布图。③创建了产卵场海底植被恢复与重建技术。构建了黄渤海近岸水域鳗草高效播种和植株移植技术，突破了鼠尾藻苗种规模化繁育技术，定量评价了海草（藻）床产卵及育幼的生态支持功能。④研发了特定产卵礁（附着基）制作与投放技术。设计制作了岩礁性鱼类阶梯形和正方体多功能产卵育幼礁、十字形网式金乌贼产卵附着基等6种新型产卵礁（基），建立了以人工产卵礁（基）为主体的产卵场多样化生境重建与恢复模式。

依托该技术建立了青岛崂山湾岩礁性鱼类产卵场、莱州湾底栖贝类产卵场、辽东湾绥中岩礁性鱼类产卵场和日照岚山金乌贼产卵场综合修复示范区，为黄河入海径流生态极限值研究报告编制、山东省第一批生态型人工鱼礁选址以及莱州湾蓝点马鲛生态红线划定等多个项目提供了技术支撑。

联系人：山东省海洋资源与环境研究院　李凡　联系电话：18153518186

海洋生态环境综合监测与评价体系及信息化建设技术

以山东省管辖海域为研究对象，综合考虑全省海洋主体功能区划、海洋产业布局、海洋生态环境绿色可持续发展及海洋生态敏感区保护等需求，建立的海洋生态环境综合监测与评价体系，打破了海洋各功能区和海洋产业"各自为政"的监管局限，提升了海洋管理服务效能。该技术成果解决的主要问题包括：①建立1套新型网格化海洋生态环境监测体系，实现了"一站多用、按点需求、全面管控"的综合监控目标，满足了各级海洋管理及开发科学性、时效性和普适性的需求。②建立海洋环境监测数据标准化入库方法，并利用该方法将2010年以来累计的200余万组山东省海洋生态环境趋势性监测数据和300余万组实时在线监测数据标准化入库，构建标准化的海洋生态环境资料数据库1个，全面提高数据利用率。③开发全省海洋环境监测与评价信息平台。针对公众信息公告，开发海洋保护区公众服务、海水浴场信息发布及增养殖区海水质量公报发布等子平台各1个；针对实时在线监测，开发"海水养殖环境在线监测系统V1.0"1套；针对陆源主要污染物排放总量监管，开发"莱州湾陆源主要污染物总量控制管理支持系统"1套。平台的应用提升了海洋环境监测的数字化和信息化水平。

该技术成果契合山东省海洋综合管理的需求，构建的海洋生态环境数据库，有助于进一步拓展形成海洋大数据应用信息产业链；构建的海洋生态环境综合监测与评价体系成功应用于山东省海洋生态文明建设规划、海洋生态红线制度的建立实施、海域海岛综合管理、海洋生态文明示范区建设、海洋保护区建设、"海上粮仓"建设及全海域海洋生态环境评价体系构建等；开发的"海水养殖环境在线监测系统"子模块已成功在东营养殖区投入使用，为企业科学合理地开展养殖生产活动提供技术指导；入海污染物总量控制管理支持系统的开发，能够有效为海洋环境管理与污染减排等相关政府决策提供技术支撑。

联系人：山东省海洋资源与环境研究院 由丽萍 联系电话：18153518276

海水养殖贝类质量安全监控技术

针对我国海水养殖贝类质量安全管理中存在的对养殖环境和贝类质量的相关性重视不足、以事后监管为主、贝类养殖区划型养殖区面积有限、二次污染风险较高等问题，系统开展了山东省海水增养殖区环境评价和风险因子筛选，分析了海水贝类养殖区环境风险，调查了贝类产品的质量安全风险和管理需求，掌握了海湾扇贝对柴油的富集和消除规律，在此基础上建立了海水贝类增养殖区环境监测技术和环境预警技术，构建了海水养殖贝类质量安全全过程监控技术体系，对强化海水养殖贝类监管水平、提高贝类质量安全水平具有重要意义。

2014—2019 年，基于关键指标参数的环境预警技术和海水养殖贝类质量安全监控技术在乳山贝类养殖区进行示范应用，并依据连续 3 年的示范性划型结果，将乳山贝类养殖区 95 000hm² 整体划为一类养殖区。该技术的示范应用，显著提高了乳山牡蛎的产品质量水平和品牌知名度，有力助推了乳山牡蛎的生产和销售。

联系人：山东省海洋资源与环境研究院 刘丽娟 联系电话：181535318210

黄渤海重点海域贝类养殖环境安全评价及其监控技术

针对黄渤海重点贝类养殖区缺少海水、沉积物、养殖生物同步监测和安全评价监控体系等技术难题，围绕养殖贝类育苗、生产、养殖和销售全过程监控环节，将实时监测技术应用于养殖环境全过程监控，建立了养殖环境现状、贝类养殖对环境的影响、养殖区生态系统健康状况及养殖风险等评价指标，筛选出影响贝类质量的关键因子，结合实时在线监测系统构建了较完善的贝类苗种生产、海上养殖、产品收获及销售过程的全程质量监控体系。

自 2012 年起，在东营海水养殖试验基地、烟台牟平近海养殖区开展了贝类全过程监控实时在线监测示范应用工作，自动采集和远距离无线传输海水温度、溶解氧、pH 和盐度等水质环境参数，实现了数据动态入库，并以折线图形式展示监测参数随时间变化趋势，结合开发的"黄渤海贝类养殖环境评价和监控系统"软件，实现了养殖现状评价、产地安全分类划型和风险预警等评价、监控工作的数字化操作。能够预警低溶解氧、低盐度、高温、赤潮等不利环境，并对环境变化趋势进行预判，合理规避养殖风险，为东营近海 13 333hm² 池塘养殖和烟台牟平近海 6 667hm² 筏式养殖提供了重要的技术支撑。

该技术填补了我国海水贝类养殖环境安全评价和安全监控技术空白，开发的实时监控技术应用于烟台、威海近海增养殖区赤潮监测以及东营养殖基地预警监测等方面，及时预警了极端高温、低溶解氧等情形，极大地减少了养殖损失。该技术研究成果已被多家单位在海洋环境公报编制、海水增养殖区健康评价、贝类养殖区产地划型、养殖海区实时监控和污染贝类净化等方面广泛应用，极大地降低了病害大范围发生的概率，提升了贝类食用的安全度，具有重要的社会效益和经济效益。

联系人：山东省海洋资源与环境研究院　宋秀凯　联系电话：18153518110

基于大数据的远洋渔业综合服务技术

基于卫星遥感信息、渔业生产数据、渔场栖息地特征、主要生产品种生物学与行为学特性等，开展了大数据环境下远洋渔业渔情预报技术和渔场精确评估，探明了远洋渔业资源丰度与海洋环境因子之间的相互关系，突破了远洋渔场环境遥感实时监测关键技术瓶颈，构建了多个远洋鱼种的生物学数据库、产量数据库、海洋环境因子遥感数据库及渔情预报模型，开发了山东省远洋渔业信息服务平台，实现了远洋渔业主要生产品种的渔情预报，重点解决了渔情预报不及时不精确等难题，有力支撑了山东省远洋渔业产业健康可持续发展，提升了山东省远洋渔业国际竞争力，在远洋渔场环境信息监测、远洋渔情预报技术和远洋渔业信息综合服务系统支撑方面处于省内领先水平。

综合分析了南太平洋长鳍金枪鱼、西北太平洋秋刀鱼、西南大西洋滑柔鱼和东南太平洋茎柔鱼4个重要远洋鱼种的生物学、渔获量、渔场分布、栖息地环境因子等数据信息，探明了基于产量与CPUE的时空分布规律和渔场分布与海洋环境因子的关系，并基于渔场环境和预报模型综合分析得到最适栖息地渔场，准确定位了中心渔场的位置，并对渔场环境要素和渔情预报信息特征度进行提取及可视化分析，提供业务化的远洋渔场监测和渔情预报信息综合服务。

在山东3家远洋渔业企业所属20余艘渔船4个大洋渔场的生产中进行了示范应用，每个渔场平均每年可制作渔场遥感环境、渔情渔汛等技术信息周报48期，并进行分发应用，示范渔船在降低了燃油消耗成本的同时提高了捕捞产量，产量同比平均提高8%以上，综合成本降低6%以上，应用成果转化经济效益上亿元，经济效果显著，加快了山东省远洋渔业产业的提质增效步伐。此外，基于该技术成果还对荣成市远洋渔业有限公司、荣成市赤山远洋渔业有限公司和荣成市连海渔业有限公司等10余家远洋渔业公司的太平洋公海金枪鱼生产项目、西北太平洋柔鱼钓生产项目进行初期的技术指导，产生了较好的社会及经济效果。

联系人：山东省海洋资源与环境研究院　魏振华　联系电话：18906386633

淡水池塘养殖水环境生态化综合调控技术

淡水池塘养殖水环境生态化综合调控技术集成了淡水池塘生物浮床生态调控技术、池塘封闭式微循环生态养殖水体调控技术。该技术具有效果好、成本低、环境友好等应用优势，在山东省济宁、菏泽、德州、枣庄、滨州、东营等池塘养殖优势地区进行了示范及推广，鱼类和凡纳滨对虾池塘每 $667m^2$ 养殖产量分别达到 650kg 和 260kg，实现总产值 4.01 亿元，利润 1.10 亿元；同时，构建的养殖池塘水环境生态化综合调控模式，可实现综合节水 23%、节电 7.18% 和减排 30.98%，处理后的排放水质达到养殖尾水排放要求。

2016 年至今，在济宁任兴水产有限公司应用池塘养殖水环境生态化综合调控技术，苗种培育池成活率稳定在 96%，成鱼养殖成活率达到 99% 以上。养殖期无换水、无用药，每 $666.7m^2$ 平均节约水电成本 280 元左右，节省用药成本 400 余元，养殖品种质量优，总产量提高 20%，经济效益和生态效益显著。

联系人：山东省淡水渔业研究院　杜兴华　联系电话：13361075555

内陆水域"测水配方"水生态养护技术

针对不同功能水域的生态环境问题、响应类型和水环境保护目标，基于生物操纵和食物网理论估算水域以滤食性为主的鱼类放养容量，集成和研发水生生物群落构建、水草生物利用、不同生态习性鱼类放流比例与合理捕捞、水生动植物与微生物耦合等关键技术1套，形成以渔抑藻、以渔控草、以渔控外来有害生物、以渔修复生态环境4种水生态养护模式，实现"放鱼养水"的科学化与精准化。

该技术适用于内陆湖泊、饮用水源地水库、城市河道和景观水体等水域生态修复和渔业资源养护工作。

在山东省南四湖、东平湖、8个水源地水库、2个城市河道和6个城市园林景观水体实施"测水配方"试验，推广应用水域面积133 333hm²。各试验水域渔业资源得到有效恢复，水体透明度提高，营养盐含量下降，水环境监测指标达到水功能区标准，经济效益和生态效益显著。试验和推广水域蓝藻水华、丝状藻华和水草疯长现象得到有效抑制，水生动植物群落结构优化，水生态风险有效遏制，水生态系统结构和功能趋于稳定。在利津县三里河城市水系实施了以渔控草，在栖霞市长春湖水源地水库实施了以渔控藻，在济宁市太白湖湿地实施了以渔控丝状藻华，在威海市崮山水源地水库实施了以渔控外来有害贝类，均取得成功。

联系人：山东省淡水渔业研究院　李秀启　联系电话：18953160528

采煤塌陷水域生态重建与渔业利用技术

运用水域生态学研究手段调查不同类型采煤塌陷水域水质及生物资源现状，研究采煤塌陷水域水生群落重构技术，将试验区内塌陷水域恢复成具有生物多样性和动态平衡的本地生态系统，在此基础上研究采煤塌陷水域渔业综合利用技术，构建适合采煤塌陷区不同塌陷水域的开发利用模式，同时形成配套集成的采煤塌陷区水域水体综合调控及生态节水技术体系，实现生态效益和经济效益并举，为其他采煤塌陷区的水环境生态调控与生态修复工作提供理论支撑和技术借鉴。

在鱼台、邹城和滕州 3 个县区进行了技术示范，建立池塘渔农生态养殖 204hm²，网围养殖 35hm²，推广应用面积 2 667hm² 以上；累计取得总经济效益 7 627.4 万元，新增纯收益 1 879.6 万元。

联系人：山东省淡水渔业研究院　许国晶　联系电话：18953165156

黄河三角洲池塘多元化生态养殖模式及池塘水环境优化技术

针对黄河三角洲池塘生态环境的特殊性，对池塘高效立体生态养殖技术、池塘水环境及其优化技术和池塘养殖病害生态防控技术等方面开展了系列化研究，集成、熟化了以池塘水环境优化控制综合技术、病害生态防控技术、多元化高效生态综合养殖技术为主要内容的黄河三角洲池塘多元化高效生态综合养殖技术，为黄河三角洲地区渔业可持续发展提供了关键技术支撑。

构建了"中华鳖池塘多元化生态养殖模式""凡纳滨对虾和草鱼种池塘生态混养模式""草鱼成鱼与凡纳滨对虾池塘生态混养模式""凡纳滨对虾与罗非鱼池塘生态混养模式""凡纳滨对虾与淡水鲷池塘生态混养模式""大规格商品河蟹池塘多元化生态养殖模式"等 8 种黄河三角洲池塘多元化高效立体生态养殖模式。

开展了菹草对养殖水体优化效果、EM 菌对海参养殖水体理化因子优化效果、EM 菌对海参养殖水体主要污染物优化效果、光合细菌对养殖水质优化效果、枯草芽孢杆菌对养殖水质优化效果以及不同土壤类型养殖池塘对水环境的影响等一系列研究，优化集成了黄河三角洲池塘水环境优化控制综合技术。

该技术在利津县、河口区、广饶县、博兴县等县区推广6 667hm²以上；养殖水体中氨氮含量、亚硝酸盐含量、高锰酸盐指数均降低 20% 以上；病害发生率降低 30% 以上；单位水体效益增加 30%，新增产值 3.5 亿元、效益 1.6 亿元。

联系人：山东省淡水渔业研究院　王志忠　联系电话：18953160565

太白湖湿地水绵治理及渔业生态恢复技术

开展太白湖中水湿地水质、浮游生物本底调查及分析评价和水绵治理后水质、浮游生物监测及评价，研发了一种新型微生态制剂附着器，用于吸附、富集土著微生物，净化水质，构建了一种太白湖中水湿地水绵治理的渔业生态调控模式，并进行推广。

完成了太白湖中水湿地系统 133hm² 水域的水绵治理和生态修复工作，治理区域水绵覆盖率降低 90% 以上，两年项目区共收获渔获物 580.45t，投放鱼种 33.79t，鱼种成活率均在 90% 以上，增重 10 余倍。渔获物两年总产值 436.73 万元，两年内投入 115.23 万元，投入产出比达 1：3.79，达到"以渔控藻、放鱼养水"的效果。

太白湖中湿地系统中水绵治理区的水体生态环境得到明显的改善，水绵覆盖率大大降低，单项水质指标基本上能达到Ⅲ类水质标准，综合水质评价标准达到了清洁水平。

联系人：济宁市渔业监测站　时彦民　联系电话：13181331983

三、 新产品

大黄鱼专用环境友好型系列高效配合饲料

在近 20 年专注研究大黄鱼营养需求和饲料利用的基础上，开发可替代鱼粉的新型蛋白源，研制高效免疫增强剂，通过养殖模式选择、投饲策略制定和营养调控改善大黄鱼品质，研究饲料中有毒有害物质对其生长代谢影响及在体内残留，在此基础上开发出大黄鱼养成阶段的高效无公害饲料以及相关的投饲技术。

联系人：中国海洋大学　张文兵　联系电话：13625320236

大菱鲆专用环境友好型系列高效配合饲料

完善了大菱鲆不同生长阶段的营养需要参数，确定其对我国主要饲料原料的生物利用率，改进了饲料加工工艺参数。研究了抗营养因子对大菱鲆产生的不良影响，采取了通过添加氨基酸、诱食剂、外源酶制剂、复合植物蛋白源、发酵预处理等措施，提高了大菱鲆对植物蛋白源的利用效率。

通过添加免疫增强剂提高了大菱鲆的抗病力。该成果各项技术指标达到国际同类产品的先进水平。从大菱鲆幼鱼到养成阶段，一共有8个系列的膨化饲料，粒径为1.5～10.8mm。

技术指标：①粗蛋白含量46%～50%；②粗脂肪含量10%～12%；③总磷超过1.2%；④赖氨酸含量2.1%；⑤幼鱼阶段的饲料系数0.6～0.9；⑥养成阶段的系数0.8～1.1；⑦氮磷排泄率15%～20%。

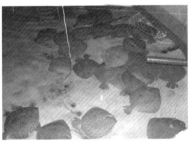

联系人：中国海洋大学　张文兵　联系电话：13625320236

海洋功能低聚糖与膳食纤维

利用基因工程菌株开发具有自主知识产权的多种海藻工具酶，建立了酶解定向制备海藻功能低聚糖的工艺，开发出多种具有重要生理活性的海洋功能低聚糖，确认其具有抗病毒活性、抗肿瘤活性、抗凝血和肠道功能调节等多种生理学活性。

依托所发掘的海洋功能酶资源，建立具有显著产业带动效应的海洋功能低聚糖与膳食纤维的生物转化工程技术，开发出一批结构新颖、功效显著的海洋低聚糖和膳食纤维，完成其规模化生产工艺研究及其生物学活性评价。利用具有自主知识产权的海洋工程菌开发高效海藻降解酶，通过高效复合酶解技术，充分释放出海藻中的功能寡糖、膳食纤维、功能小分子等活性成分，开发出海藻硫酸低聚糖或全效海藻提取液。

产品用途广泛，海藻膳食纤维完全来自海藻生物工程技术产品，可用于各类食品和饮品的添加，以开发新一代海藻制品；适合特殊人群的体质改善和辅助治疗，可开发出用于特殊人群的功能性食品。

技术指标：①功能糖得率70％；②感官指标包括速溶、无色、酸甜等；③卫生学指标要符合国家标准。

联系人：中国海洋大学　张文兵　联系电话：13625320236

水产功能蛋白与多肽

突破了酶促溶提取、高压辅助提取、超声辅助提取等技术瓶颈，形成了水产源蛋白与功能多肽的绿色提取技术，蛋白回收率＞90％，具有提取率高、绿色环保、产品质量高的显著优势；组合酶酶解技术，水解效率提高20％，活性肽得率提高15％。梯级肽的膜分离技术，获得高纯度的特定分子量段的功能肽。

首次发现并应用生物传感器与人工神经网络定向制备技术、计算机辅助控制可控制备活性肽技术，建立了一整套规模化食品级、化妆品级的功能蛋白与多肽中试及规模化制备技术，开发出功能蛋白与多肽的固体饮料、液体饮料、面膜、调味基料、食品澄清剂、医用可吸收止血敷料等产品。

技术指标：①产品纯度＞98％；②多肽回收率＞90％；③样品的含盐量＜2％。

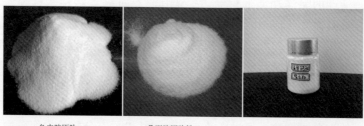

鱼皮胶原肽　　　　　Ⅱ型胶原肽粉　　　　　鱼骨钙肽螯合物

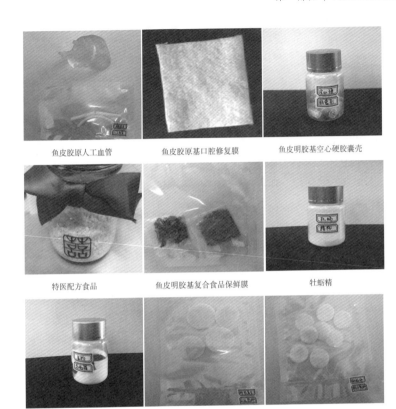

鱼皮胶原人工血管　　鱼皮胶原基口腔修复膜　　鱼皮明胶基空心硬胶囊壳

特医配方食品　　鱼皮明胶基复合食品保鲜膜　　牡蛎精

联系人：中国海洋大学　侯虎　联系电话：15964201109

海带新型即食产品

以深海养殖的"中科1号""中科2号"海带为原料，运用深海小海带速发鲜焙干品新工艺，通过复合保水剂添加、二段式立体烘干和自动精确多级分选等关键技术，开发出了系列海带即食产品。已经开发出的新型海带即食产品包括海带面、海带冷鲜菜、深海小海带汤料与速拌菜等。

联系人：中国科学院海洋研究所　姚建亭　联系电话：13465837156

海藻系列产品

聚焦海藻活性物质及其高值化利用，通过自主创新和技术集成研究，完善了海藻液化萃取技术，提高了海藻活性成分的提取率；集成物理漂洗、电渗析、生物材料吸附等技术手段，建立了海藻中砷等重金属减除技术工艺，以及利用生物絮凝法从海藻浸泡水中提取褐藻多糖硫酸酯的工艺技术等。建立了高纯度褐藻多糖硫酸酯、岩藻寡糖等的制备技术和高性能琼脂糖制备技术；开发出具有良好的适口性和养生保健功能的海藻生物饮品；通过对海藻加工产业链的优化，实现低黏度褐藻胶、海藻活性寡糖、海藻饮品与化妆品联产，实现了海藻资源综合利用，提升了海藻加工附加值，延长了产业链。

联系人：中国科学院海洋研究所　　张全斌　　联系电话：13969799838

海藻功能蛋白

重点研究了超高压、超滤等物理技术，结合化学技术和酶处理技术，达到规模化提取试剂级纯度藻类活性蛋白的目的。制定了不同规格藻类活性蛋白制品质量标准，根据需要制备出纯度（Aλmax/A280）高于 0.7 的食品级、高于 3.0 药品级和高于 4.0 的试剂级藻类活性蛋白，应用于食品、化妆品和功能材料。

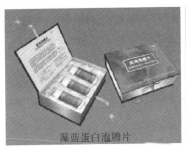

藻蓝蛋白泡腾片

藻蓝蛋白软糖

联系人：中国科学院烟台海岸带研究所　李文军　联系电话：15605350917

船载海洋生态环境多参数在线监测系统

此监测系统将常规六参数传感器（pH、电导率、温度、浊度、叶绿素、溶解氧）进行系统集成，实现对常规水质参数的监测。还可根据具体监测需求加入其他参数的离子选择性电极，实现二氧化碳（碳酸根）、氨氮、钙离子、重金属、有机农药、致病菌等参数的测定。在系统控制方面，利用自主设计的电路控制系统对进样单元、样品前处理单元以及传感器检测单元进行有机调控，以实现海水多参数的现场、在线、连续监测。

技术指标：①pH 0～14，精度 0.01；②温度 -10～130℃；③电导 1～500 000μS/cm；④溶解氧 0.05%～300%，分辨率 0.1×10⁻⁹mg/L；⑤叶绿素 0～200μg/L；⑥浊度 0～100NTU（散射浊度单位）；⑦二氧化碳 20.3～202.7 Pa；⑧钙离子 10^{-6}～10^{-1}mol/L。

本产品将不同传感器搭载在此工作系统上，既可测定二氧化碳、pH、营养盐等化学常规要素，也可实现对海洋环境中的重金属污染物、有机污染物、致病菌和生物毒素等有害物质的有效实时监测。每台设备的市场价约为 50 万元，仅为进口产品的 1/2 左右。

联系人：中国科学院烟台海岸带研究所　秦伟　联系电话：13280965793

多色虾青素水分散体系

针对虾青素难溶于水且产品颜色单一、游离虾青素不稳定、水分散型虾青素微观结构不可控等问题，利用天然生物大分子和简单复合工艺制备多种颜色的虾青素聚集态稳定的水分散体系，可作为食品着色剂、膳食补充剂、保健品、日化用品、功能饲料等。

制备方法简单易行，制备过程不需要高温、高压等特殊条件，操作、控制简单，可连续化生产，产品中无有机溶剂残留，脱除的有机溶剂乙醇可以回收利用，便于绿色清洁生产，且生产成本低，产品生物利用率高。选取的虾青素良溶剂为低毒性的乙醇，不需要添加丙酮、乙酸乙酯、氯仿等毒性大的有机溶剂，安全性可媲美超临界萃取技术，且生产成本更低，适合作为食品级虾青素产品的生产技术。

生产过程不添加乳化剂、表面活性剂等复杂成分，组成简单、易重复，制得的颜色各异的虾青素水分散体系为可分散于水相的胶体，具有较高的透明度，透光率可达 90% 以上，具有良好的生物安全性、生物相容性和生物可降解性。该系列水分散体系可与水以任意比例互溶，不改变虾青素分子聚集状态，具有较高的稳定性与可控性，适用于进一步加工成食品着色剂、特殊膳食、保健品、日化用品等。

技术指标：①固形物中虾青素含量为 $1\%\sim15\%$；②乙醇残留量小于 0.1%；③橘黄色虾青素水分散体系最大吸收波长为 $380\sim88nm$。④粉紫色虾青素水分散体系最大吸收波长为 $580nm$。

联系人：中国海洋大学 李敬 联系电话：13792471173

天然海鲜基调味品

基于具有自主知识产权的海洋工具酶，以原生态鱼、虾、贝和海藻等海洋动植物为原料，采用现代生物转化技术和综合生化增香技术，有效开发和利用海鲜的风味与营养物质，研发富含风味氨基酸、有机酸及核苷酸关联化合物等营养成分和风味成分，以及牛磺酸、活性肽、维生素等多种具有保健功能的活性物质，兼具风味性和功能性的天然、健康、安全的系列高端海鲜调味基料和调味品，形成完整的海鲜调味基料和调味品的生产技术体系和产品质量技术体系，开发出高端天然营养型海鲜调味基料和调味品，产品形式包括调味汁、调味酱和调味粉等。

技术指标：①氨基酸态氮 $\geqslant0.4\%$；②总氮为 1.4%；③重金属含量符合国标要求。

联系人：中国海洋大学 江晓路 联系电话：13808981437

虾头发酵饲料添加剂

利用高活性益生菌株枯草芽孢杆菌（OKF-004）为发酵菌株，采用固态定向可控发酵技术，使枯草芽孢杆菌在发酵过程中产生适量的蛋白酶、脂肪酶、甲壳素酶等活性酶类，在活性酶的作用下，使虾头中的蛋白质、脂肪、甲壳素等物质解离成更适合动物吸收利用的多肽、氨基酸、脂肪酸、虾青素、壳寡糖等成分。产品中无任何抗生素添加。在发酵过程中枯草芽孢杆菌自身进行增殖，发酵结束样品中枯草芽孢杆菌菌数可达到 1×10^9 CFU/g，在饲料中可以发挥微生态益生菌制剂的效果，替代抗生素的使用。生产的发酵虾头饲料添加剂兼具营养性、益生性、抗病性和促生长性能。

幼鸡喂养实验表明，以 2kg/t 添加量进行幼鸡饲喂，可使幼鸡增重 50% 以上，死亡率下降 30% 以上，幼鸡毛色更为鲜亮，同时能有效防止幼鸡生长过程中发生的互啄现象。

技术指标：①益生菌（枯草芽孢杆菌）含量为 1×10^9 CFU/g；②蛋白质含量为 300mg/g；③甲壳素含量为 200mg/g；④壳寡糖含量为 20mg/g。

联系人：中国海洋大学　孙建安　联系电话：15153295798

海藻酵素

针对藻体的特殊结构和成分，综合发酵工程技术、酶工程技术与生物转化技术，建立了集成化酶酵耦合高效破壁加工技术，将胞壁中海藻多糖、结构蛋白等人体无法消化吸收的大分子成分转化为机体易消化吸收且具有保健功效的海藻低聚糖和低聚肽等小分子活性成分，同时释放胞内功能因子，形成藻体功效成分全质利用的海藻酵素。制备的海藻酵素具有多种活性功能，30mg/（kg·d）海藻酵素具有显著的增强免疫功能，50mg/（kg·d）海藻酵素具有显著的抗氧化活力。

海藻酵素功能产品以海藻酵素为基础，通过成分配伍优化，形成具有增强机体免疫力功能的海藻保健品，功能成分以小分子为主，易于细胞与机体吸收和利用，产品富含海藻低聚糖、亲糖蛋白、海藻多酚、牛磺酸、维生素等成分，可通过保护免疫器官，提高免疫器官功能；激活淋巴细胞，促进淋巴细胞转化，提高特异性免疫应答功能；提高巨噬细胞免疫吞噬功能，促进免疫球蛋白的生成，增强非特异性免疫功能等多途径增强机体免疫能力。

技术指标：①低聚糖≥3.0mg/mL；②氨基酸≥1 000mg/L；③SOD≥3.0U/mL；④重金属符合国标要求。

联系人：中国海洋大学　江晓路　联系电话：13808981437

降农药残留促作物生长海藻肥

该产品生产工艺简单，原料易得，投资少，无污染，使用成本低。经过大范围推广使用证明，使用该海藻叶面肥可增产10.1%～21.9%。对不同的有机磷农药均有很好地降解作用，一般降解率比对照高25.56%～75.06%。

海藻企业生产该海藻叶面肥可使海藻加工排放的水溶性碳水化合物利用率提高70%以上，极大地节约污水处理费用。该产品的生产使用不仅对保障食物安全有一定的意义，而且也符合当前低碳经济的发展需要，因此有广泛的应用前景。

联系人：中国海洋大学　汪东风　联系电话：13864280948

可食性海藻保鲜膜

可食性海藻保鲜膜制备技术拥有独立自主知识产权，达到国际先进水平。该产品可逐步替代塑料保鲜膜产品，易推广，具有广阔的市场优势。

技术指标：①抗伸强度＞60MPa；②断裂伸长率＞10％；③透光率 a＞95％；④透光率 b＜10％；⑤重金属（以 Pb 计）＜1mg/kg；⑥水分 15％～18％；⑦Ca^{2+}＜10mg/g。

联系人：中国海洋大学　许加超　联系电话：18353262111

全生物降解海藻干地膜

利用海藻原创性地研发出具有自主知识产权的 100％全生物降解海藻干地膜，降解产物为有机肥，综合成本较塑料地膜低。该技术获得 2018 全国"互联网＋"创新创业大赛银奖，山东省"互联网＋"创新创业大赛金奖和最佳创意奖，是一项尖端黑科技产品。

利用海藻制备全生物降解海藻干地膜的核心技术是由中国海洋大学独创的世界领先的变性凝胶技术和半凝胶技术，通过海藻多糖与特殊金属离子络合，形成不可逆的、三维网状的凝胶结构，它具有很好的机械性能和阻水性能，可满足农业地膜的各项需求。

技术指标：①抗伸强度＞40MPa；②断裂伸长率＞8％；③透光

率 a＞70%；④透光率 b＜10%；⑤重金属（以 Pb 计）＜1mg/kg；
⑥水分 15%～18%；⑦Ca^{2+}＜10mg/g。

联系人：中国海洋大学　许加超　联系电话：18353262111

水生生物脱细胞口腔修复膜

以鱼皮为原材料，通过组织工程脱细胞技术对其进行生物学和化学的工艺处理，脱除内部细胞，保留细胞外基质的形态、三维结构和成分，得到具有促进缺损组织修复和重建的脱细胞鱼皮口腔修复膜。

目前临床上普遍使用的口腔修复膜大多价格昂贵，且原料大多来自哺乳动物（猪或牛），存在人畜共患病病毒携带和传播的风险，因此鱼皮脱细胞真皮基质相对而言是更安全的新型口腔修复膜材料。

脱细胞鱼皮作为新型脱细胞真皮基质类产品，在国内外均属于新型的前沿产品，迄今仅有个别产品在美国食品药品监督管理局获批上市。脱细胞鱼皮具有以下独特优势：结构和组分更利于诱导创面修复，其三维网状结构比猪皮、牛皮类产品更有利于细胞的迁入和增殖，有助于加快创伤修复；生物安全性高，鱼胶原蛋白抗原性低，不会引起明显的变态反应；来源丰富，价格低廉，具备大规模生产的基础；可规避特殊地区、特殊群体的宗教壁垒。

联系人：中国海洋大学　李八方　联系电话：13605324780

结合型抗紫外线海藻生物纤维

基于海藻酸盐透明和紫外（UV）屏蔽纤维制造，该纤维目前是发现唯一具有抗紫外特性的海藻纤维，这种可再生、可生物降解、具有环境友好性质的凝胶系统，可广泛用于紫外线屏蔽。

原创性的凝胶技术属世界领先，通过海藻多糖与特殊金属离子络合，形成不可逆的、三维网状的凝胶结构，它具有很好的机械性能和阻水性能，并且抗紫外线能力非常优异，高于国家标准指标，制备的产品具有自主知识产权，是一项尖端黑科技产品，是海藻纤维的升级版。

技术指标：①可见光 UVC（315～400nm）和 UVB（280～315nm）透过率均为 100%；②UVA 紫外线屏蔽率为 98.37%；③紫外线防护系数为 50＋。

联系人：中国海洋大学　许加超　联系电话：18353262111

海洋生物肥料——海力壮

从海洋生物中提取具有特殊结构和功能的活性物质，经改性、修饰等高技术研制而成的可用于农作物、蔬菜、水果抗病增产的生物肥料，是国内首次开发成功的农用海洋高技术产品。该产品的显著特点是能诱导增加种子和植物体内酶的活性，促进植物细胞的新陈代谢，激活植物的抗病因子，提高植物免疫力，因而有明显的抗病、增产效果。该产品还具有抗菌（尤对真菌）和保湿功能，对种子和幼芽起到保护作用，对促进根系发育具有显著效果，并能改善土壤环境，且无毒、无害、无污染，是新型的生态农业产品。

联系人：中国科学院海洋研究所　刘松　联系电话：13361261856

新型海藻肥

以多种优质海藻为原料，建立了两套技术工艺：一是通过工程菌株的使用，经生物发酵工艺高效制备海藻提取液；二是通过超声破碎辅助酶解，进行海藻活性物质的提取。

基于上述工艺，研发新型海藻肥产品。相比于传统的化学法提取制备工艺，避免了强酸强碱等工艺流程对海藻中天然活性成分的影响，最大限度保留了海藻中褐藻寡糖、褐藻酸、植物激素等功能成分的活性，与同类产品相比肥效显著。

经多种果蔬和作物实验验证，该产品在提升施用对象的抗逆性、增产提质以及化肥增效减施方面效果显著：烟台苹果上色快（提前 5d），表光好，糖度高（提高 2%），优质果率高；烟台樱桃（美早）平均早熟 4d，平均单果重比对照增加 21.9%，平均糖度提高 3%。喷施实验证实该产品可有效防止樱桃、葡萄的裂果现象。通过海藻肥的施用（含 0.5%海藻提取物），东北玉米和小麦化肥减施 20%的处理组，其每 666.7m² 平均产量较对照组分别增加 9.9%和 9.6%。

技术指标：①发酵生产时间 8～12h；②海藻掺混肥中海藻酸含量达 0.15%（行标为 0.05%）；③聚合度为 2～4 的褐藻寡糖占总寡糖含量 70%。

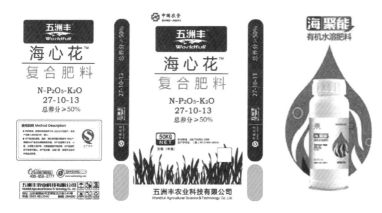

联系人：中国科学院烟台海岸带研究所　　冯大伟　　刘正一
联系电话：15898963439　18605456373

环保微生物除藻剂

该除藻剂为环境友好型的生物酶制剂，可以调节水体中藻类平衡，对于因水体污染、水质恶化产生的氨氮、亚硝酸盐、硫化氢等均有降解效果，比普通的除藻剂投放量小，效果好，毒副作用小，省钱省力又省时，并且生物酶制剂的原料来自环境，不会对环境产生二次污染。

目前已复配出由多种水产有益微生物组成的除藻剂，可彻底杀灭养殖池塘中钢丝藻、水网藻、水绵以及虾贝体表附生的丝状藻等有害藻类，主要用于水产养殖池等的有害藻杀灭。除藻期在 7d 左右，且在无外源营养物质污染的情况下，水质能够保持较好的水平且比较稳定，藻类长时间不再大面积暴发。

第一天

第四天

第二天

第五天

第三天

利用环保微生物除藻剂进行模拟实验

联系人：中国科学院烟台海岸带研究所　胡晓珂　联系电话：13954239590

四、新模式

多营养层次综合养殖（IMTA）模式

多营养层次综合养殖是由不同营养级生物组成的综合养殖系统，系统中投饵性养殖单元（如鱼、虾类）产生的残饵、粪便、营养盐等有机或无机物质成为其他类型养殖单元（如滤食性贝类、大型藻类、腐食性生物）的食物或营养物质来源，将系统内多余的物质转化到养殖生物体内，达到系统内物质的有效循环利用。

IMTA 模式中，滤食性贝类与大型藻类生物量（湿重）的合理配比为 1：（0.33～0.80），网箱鱼类和大型藻类的合理配比为 1kg（湿重）：（0.94～1.53）kg（干重）；多营养层次综合养殖模式的生态服务功能显著，IMTA 模式与单一养殖模式相比，食物供给功能服务价值比为（1.38～6.61）：1 和（2.06～9.83）：1，气候调节功能服务价值比为（1.65～2.80）：1 和（1.68～2.85）：1，服务价值比最高可达 18：1，远高于单一养殖模式。

桑沟湾多营养层次综合养殖实践的成功案例为探索和发展"高效、优质、生态、健康、安全"的环境友好型海水养殖业提供了理论依据和绿色发展模式，引领了世界海水养殖业可持续发展的方向。目前，该湾已经成功实践了贝藻、贝（鲍）藻参、鱼贝藻、大叶藻海草床多营养层次综合养殖等多种形式的 IMTA 模式，此外，我国在北方池塘已经形成了多品种搭配的 IMTA 模式，南方在浙江形成了陆基池塘的特色 IMTA 模式，这些 IMTA 模式的成功实践为海水养殖绿色发展提供了强有力的技术支撑。IMTA 模式的综合效益比单品种养殖可提高 40%～97%，由于良好的经济效益和生态效益，该模式在国内推广迅速，取得了显著的经济、生态和社会效益。2016 年，联合国粮食及农业组织（FAO）和亚太水产养殖中心网络（NACA）将桑沟湾多营养层次综合养殖模式作为亚太地区 12 个可持续集约化水产养殖的典型成功案例之一向全世界进行了推广宣传。

联系人：中国水产科学研究院黄海水产研究所　房景辉　联系电话：15588616687

海水池塘多营养层次生态健康养殖模式

针对我国海水池塘养殖以开放式水系统、粗放式管理为主，存在工程化水平落后、营养物质利用率低、养殖成功率不稳定、尾水处理技术缺乏等问题，以虾蟹为主要养殖对象，在养殖过程中集成水质调控、营养物质高效利用、疾病生物防控和质量安全控制等技术，利用三疣梭子蟹、鱼类等摄食病虾防止疾病传播，贝类滤食水体中的有机碎屑、浮游生物调节水质的特点，建立海水池塘生态健康养殖模式。该模式的主要特点包括：①养殖前将养殖池清污。靠近池塘堤坝周边设置贝类养殖区，面积不超过池塘面积的 20%。贝类养殖区宽 1m，高 15～20cm，表层覆盖孔径 1cm 的贝类防护网。注水 10～20cm，消毒 7～10d，纳水繁殖基础饵料。②放苗规格及时间。菲律宾蛤仔（每 667m² 放养 50 000～60 000 粒）在 4 月上中旬水温 14℃以上放养；中国对虾、日本对虾苗（规格 1cm，每 666.7m² 放 6 000～8 000 尾）在 4 月下旬水温 16℃ 以上时放养；脊尾白虾一茬养殖（抱卵亲虾，每 666.7m² 放 1kg）在 6 月下旬水温 20℃ 以上时放养，两茬养殖在 4 月上中旬水温 14℃ 以上时放养；三疣梭子蟹苗（Ⅱ 期幼蟹，每 666.7m² 放 2 000～3 000 只）在 5 月上中旬水温 18℃ 以上时放养；半滑舌鳎苗（100g/尾，每 666.7m² 放 20～30 尾）在 6 月上旬水温 20℃ 以上时放养。③养成期管理。日换水量控制在 5～10cm；根据需要确定增氧设备开机时间；使用有益微生物制剂调节水质；常规配合饲料日投喂量为 3%～5%，鲜活饵料日投喂量为 7%～10%；养殖人员至少每日凌晨、下午及傍晚各巡池 1 次；定期对池塘的病原进行检测。

该模式适用于我国沿海虾蟹池塘养殖区，每 666.7m² 可实现产值 1.5 万元以上，经济、生态效益显著。

联系人：中国水产科学研究院黄海水产研究所　李健　联系电话：13706427705

凡纳滨对虾池塘"135"二茬分级接续养殖模式

受北方地区气温影响，传统凡纳滨对虾外塘养殖模式每年仅能进行一茬养殖，产量和效益无法实现有效提升。另外，由于放苗前期对虾规格较小，虾体抵抗力弱，水温不稳定且偏低等问题，使得虾苗的成活率较低。为解决上述问题，通过技术集成与创新，创立了凡纳滨对虾池塘"135"二茬分级接续养殖模式。

"135"中的"1"是指在虾苗淡化场对 P_4～P_5 仔虾进行为期 10d 左右的淡化标粗时间；"3"为将经过 10d 左右淡化标粗的虾苗移入暂养温棚进行为期 30d 左右的中间暂养时间；"5"为将暂养池幼虾分池到室外露天养殖池进行为期 50d 左右成虾养殖的时间。二茬分级接续养殖，即在每年的 3 月下旬开始进行虾苗淡化标粗。4 月初，将淡化虾苗移入温棚进行中间暂养；5 月初，在外塘水温达到 18℃ 以上时，将中间暂养后的 3～5cm 大规格幼虾分池到外塘进行养成。6 月下旬，外塘对虾达到 60 尾/kg 左右，一茬虾捕捞上市。中间暂养温棚在 5 月上旬分苗结束后，立即进行清淤消毒，

5月下旬进行池塘配水和肥水，6月初投放二茬淡化标粗虾苗，进行中间暂养。外塘对虾捕捞结束后，立即进行清池消毒，消毒结束后进水肥水，7月上中旬投放经暂养后的4~5cm幼虾，进行二茬养殖，9月中下旬实时捕捞上市，实现北方地区一年二茬分级接续养殖。

"135"二茬分级接续养殖的优势：①"135"养殖模式的建立，有效延长了适养期，在北方地区一年二茬养殖成为常态化，提高了养殖收益和资源利用率；②温棚暂养小规格苗种，环境稳定并可有效规避虾病集中暴发，虾苗成活率高；③投放大规格暂养虾苗可有效提高外塘养殖成功率。

目前，凡纳滨对虾池塘"135"二茬分级接续养殖模式已在滨州市博兴县沿黄河淡水养殖区推广近133hm^2，在滨州市无棣县及北海新区海水养殖区推广近667hm^2。

联系人：山东省海洋生物研究院　刘洪军/叶海斌　联系电话：13061215069

滨州市渔业技术推广站　王淑生　联系电话：18005438558

绿色、高效、智能紫菜离岸深水区养殖模式

紫菜对N、P的吸收率比其他大型海藻高63%~170%。每吨紫菜可固定60~78kg氮、9~10kg磷、360kg碳，售价10万~13万元。

该模式（ZL201510014056.7）适于在深水区养殖紫菜，打破了传统养殖模式只能在15~20m水深以内的近海浅水区或滩涂养殖紫菜的限制，主动、机械化晒网适用于深远海，养成的紫菜品质更优。

主要构成材料有锚、浮缆、玻璃钢管（直径5~7cm、长2.1m）、竹竿直径（4~6cm、长2.1m）、网帘或条帘（宽1.8~2m）、泡沫浮漂（直径20~30cm）。投入约45 000元/hm^2，折旧率80%，比传统紫菜养殖模式节约成本1倍以上。每666.7m^{2}产量比传统养殖模式提高30%以上，每666.7m^{2}直接经济产出达1.5万元以上。

该模式在江苏、山东等紫菜主产区进行示范应用，应用面积累计数百公顷。

联系人：中国水产科学研究院黄海水产研究所　汪文俊　联系电话：15066238219

刺参-对虾生态化循环养殖新模式

针对当前山东省池塘单一品种养殖风险高、资源利用不充分等瓶颈问题，在 10 月下旬至 11 月上中旬在池塘放养大规格刺参苗种，第二年 5 月上中旬收获，养殖周期约 5 个月，经清池晒塘后于 5 月下旬至 6 月初投放虾苗，10 月上旬收获，约养殖 5 个月，不需要清池即可开展下一轮刺参养殖，其间结合养殖生境调控及资源化利用，形成以刺参为主的多品种生态化循环养殖。

该模式可有效规避刺参高温度夏，适宜对虾夏季高温期养殖，能充分利用丰富活饵资源。同时，通过养殖刺参将对虾残饵与粪便予以资源化利用，消除病原宿主，减少了病敌害发生，并能降低生产成本、简化清池劳作，大幅提高池塘综合效益，适用于山东省沿海刺参池塘养殖地区。在东营河口区的山东华春渔业有限公司、山东黄河三角洲海洋科技有限公司连续3年开展示范应用，累计推广面积1 333hm²，每666.7m²可产商品参210kg、商品虾320kg，较单养刺参节约饲料及人工成本40％以上，生产全过程无病害发生。

联系人：山东省海洋生物研究院　李成林　联系电话：13705320538

刺参外海坝基养殖新模式

刺参外海坝基养殖模式，可充分利用港口防潮堤石坝作为人工礁体，进行礁体的生态、经济功能开发，实现刺参养殖模式陆海基的转变；礁体可自然附着大面积的牡蛎，牡蛎外壳可附着刺参生长所需的底栖硅藻等饵料，坝基可为刺参提供隐秘场所，又可避免夏季高温期对刺参的影响，利于刺参产业的健康发展。坝基养殖的成品参，体色鲜亮、肉刺粗壮，经济价值高。

该养殖模式适用于港口建设的外海防潮堤坝，一般堤坝两侧海域水深5～6m处，水体交换畅通，不受河流淡水、化工污染等影响，海水盐度30～33，pH 8.1～8.3，溶解氧6.8～7.9mg/L。该模式主要适于放养大规格刺参苗种，第二年可收获上市。刺参底播规格20～50头/kg，第二年可达到3～9头/kg，生长状态良好，成活率高。

滨州港防潮堤　　　　　　　　滨州港石坝海域刺参底播增殖

联系人：滨州市海洋与渔业研究所　王冲　联系电话：18005438033

第二部分
绿色实践案例

一、济南市

全市水产养殖面积 4 380hm²，主要养殖品种有四大家鱼、鲤、罗非鱼、中华鳖和以锦鲤为代表的观赏鱼类。重点发展设施渔业、观赏渔业和休闲渔业。

联系人：济南市水产技术推广站　马嵩　联系电话：0531-66676376

白云湖中华鳖的生态养殖模式

以章丘区白云湖为中心，依靠百脉泉优质水资源，以水体中自然生长的螺蛳和鱼虾为主要饵料，辅以少量配合饲料，延长中华鳖生长周期。白云湖周边养殖规模达到133hm²。

代表企业：章丘区白云湖特种水产养殖有限公司，中华鳖池塘养殖面积13hm²，工厂化育苗车间500m²，注册"白云湖"中华鳖品牌，被农业部认定无公害水产品和地理标志产品。年繁殖中华鳖苗80万只，生产中华鳖1万多只，年销售收入300万元。

联系人：济南白云湖特种水产养殖有限公司　刘鹏　联系电话：18615190799

二、淄博市

　　全市水产养殖呈现明显区域分布特征：北部平原池塘养殖区，养殖面积1 533hm²；中部集约化养殖区，养殖面积3 133hm²；南部山区水库增养殖区，养殖面积2 067hm²。主要养殖品种有凡纳滨对虾、小龙虾、鲤、翘嘴红鲌等。

　　联系人：淄博市畜牧渔业服务中心　李会明　联系电话：0533-3880682

稻渔综合种养模式

　　全市共有稻田近1 333hm²，主要分布在高青县，目前已经发展稻渔综合种养面积267hm²，每666.7m²提高渔业产值1 000元以上。

　　代表企业：淄博大芦湖文化旅游有限公司，现有稻田100hm²，主养品种为中华绒螯蟹和小龙虾，每666.7m²增加利润2 000元。该公司为省级休闲渔业公园，农业农村部首批国家级稻渔综合种养示范区。

　　联系人：淄博大芦湖文化旅游有限公司　李有宝　联系电话：13853389857

三、枣庄市

枣庄市地处山东最南部，南四湖沿岸线长 55km，县级以上管理的河流 44 条，其中京航运河枣庄段境内全长 39km。水域滩涂总面积 161km²，另有采矿塌陷地面积 58km²，全市可养殖面积 10 960hm²。主要养殖品种有鲤、草鱼、斑点叉尾鮰、加州鲈、鲢、鳙、台湾中华鳖等。初步形成以滕州、峄城、台儿庄采矿塌陷地治理改造为重点的池塘高效健康养殖模式；以北部丘陵地带为重点的水库生态增殖模式；以传统渔区升级改造为重点的淡水工厂化节水节能减排养殖模式。全市现建成省级现代渔业园区 9 处，滕州市为农业农村部渔业健康养殖示范县。

联系人：枣庄市农业农村局　段六运　联系电话：0632-3921661

水库群生态增殖模式

全市现有 6 座大中型水库，总库容 6.33 亿 m³，正常蓄水位总面积 3 947hm²；另有 150 座小型水库，正常蓄水位总面积 1 453hm²。通过开展水库鱼类增殖，年产商品鱼 4 000t 以上。

代表企业：枣庄市山亭区洪旺水产养殖专业合作社，成立于 2015 年，增（养）殖水域 1 353hm²。每年捕获鲢、鳙 1 500t，纯利润 300 余万元。

联系人：枣庄市山亭区洪旺水产养殖专业合作社　闫业来　联系电话：13863202959

采矿塌陷区池塘高效健康养殖技术

治理改造采矿（煤炭、石膏）塌陷地，在峄城区、台儿庄区、滕州市建成标准化养殖池塘 1 667hm²，年产鲤、草鱼、加州鲈、斑点叉尾鮰等商品鱼近 30 000t。

代表企业：峄城区九洲养鱼专业合作社，省级示范合作社，成立于 2009 年，养殖水面 147hm²，年产商品鱼 2 500t 以上，实现经营收入 5 000 余万元。建立"合作社＋农户"生产模式和"六统一"管理模式，5 种水产品被认定为无公害产品。

联系人：峄城区九洲养鱼专业合作社　晁忠明　联系电话：13181261066

淡水工厂化节水节能减排养殖技术

全市建有淡水工厂化养殖车间 8.9 万 m²，主要养殖品种有中华鳖、泥鳅、锦鲤等，形成了一套成熟的中华鳖孵化、苗种培育、成鱼养殖、病害防控、捕捞销售技术体系。

代表企业：枣庄伊运水产养殖有限公司，成立于 2016 年，养殖基地占地面积 69hm²，年产各类商品鱼 800t、中华鳖 110t，水产品年产值 1 500 万元。

联系人：枣庄伊运水产养殖有限公司　褚夫伟　联系电话：18606327687

四、东营市

东营市海岸线长 413km，滩涂面积 1 019km²，—10m 等深线以内浅海面积 4 800km²，全市水产养殖面积 114 667hm²，其中海水养殖面积 94 667hm²，淡水养殖面积 20 000hm²，培育形成了以黄河口大闸蟹、海参、对虾、贝类为主导的优势产业。目前，四大主导优势产业稳步发展，黄河口大闸蟹精养面积 5 667hm²，刺参养殖面积 14 667hm²，对虾养殖面积 24 467hm²、工厂化养殖面积 30 万 m²，浅海贝类护养面积 62 000hm²，分别形成了 10 亿元、15 亿元、17 亿元、20 亿元的产业规模。

联系人：东营市海洋发展和渔业局　杨建新　联系电话：0546-8338717

反季节对虾工厂化养殖模式

利用地热资源开展反季节对虾工厂化养殖，养殖尾水经过固液分离、沉淀、生物净化等处理，实现工厂化"封闭式、循环水、集约化、无公害"健康养殖。

代表企业：山东黄河三角洲海洋科技有限公司，拥有工厂化养殖面积 15 000m³ 水体，养殖池 40hm²，凡纳滨对虾一年可养 3 茬，单产达到 10.5kg/m³。公司完善配套设施，实现养殖系统热能和尾水综合利用。

联系人：山东黄河三角洲海洋科技有限公司　刘兆存　联系电话：13181988386

黄河口大闸蟹大规格生态养殖模式

应用多品种立体混养、滤食性底栖生物移植、水草移植、生物

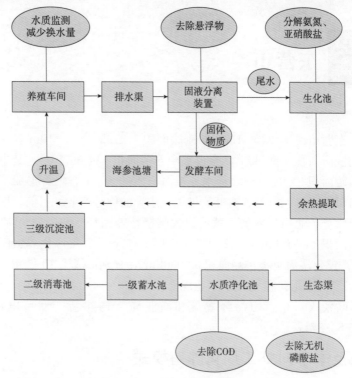

制剂调节水质和改善底质等技术，改善池塘生态环境，大幅度提升黄河口大闸蟹养殖规格。

代表企业：东营市惠泽农业科技有限公司，省级健康养殖示范场，拥有黄河口大闸蟹标准化养殖基地 373hm²。公司获得出境水生动物养殖场注册登记备案资质、GAP 认证资质，建设了全省首家以黄河口大闸蟹为主要研究对象的黄河口大闸蟹产业技术研究院。公司 2019 年产量 400t，产值 4 000 万元。

联系人：东营市惠泽农业科技有限公司　王新军　联系电话：15554610999

参虾混养模式

利用刺参和对虾在养殖池塘中的生态位差及在食物链中的关系，

提高养殖利用率，增加养殖产量，达到经济、生态效益双丰收。

代表企业：东营海跃水产科技有限公司，以日本对虾和凡纳滨对虾为混养品种，每666.7m² 产刺参100kg、日本对虾6.5kg、凡纳滨对虾35kg。

联系人：东营海跃水产科技有限公司　　赵磊　　联系电话：18653697879

参虾接力养殖模式

5—10月，在车间培养大规格刺参苗种，在池塘进行对虾养殖；10月至翌年5月，在车间养殖对虾，在池塘进行刺参养殖。

代表企业：山东华春渔业有限公司，拥有高标准刺参养殖池333hm²，参虾接力养殖，每666.7m²面积产刺参250kg、凡纳滨对虾100kg。公司年产刺参、凡纳滨对虾等水产品500t以上。

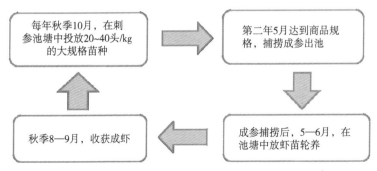

联系人：山东华春渔业有限公司　　谢秀春　　联系电话：13605460195

底播型海洋牧场建设技术

以底栖型贝类文蛤、四角蛤蜊、菲律宾蛤仔、毛蚶等为重点，应用生物增殖、标志放流、培育与扩繁和敌害防控等技术，有效保护海洋牧场增殖生物资源。

代表企业：山东通和水产有限公司，省级海洋牧场，拥有确权面积 4 800hm²，牧场产品文蛤被认定为国家地理标志保护产品，刺参被认定为有机食品，青蛤、杂色蛤、竹蛏、泥螺被认定为无公害农产品。

联系人：山东通和水产有限公司　许家磊　联系电话：13854607666

五、烟台市

烟台濒临渤海、黄海,海岸线长 1 037.9km,海域面积 2.6 万 km²。全市海水养殖面积 19 万 hm²,海水养殖产量 132.8 万 t,主要养殖方式是海水池塘养殖、海水网箱养殖、筏吊式养殖、底播增殖和海水工厂化养殖,主要养殖品种包括海参、鲍、扇贝、对虾、名优海水鱼类、海带。烟台是全国重要的苗种培育基地、海水养殖基地和水产品加工及出口创汇基地,工厂化养殖面积占全国 30% 以上,深水养殖网箱面积占全省 50% 以上、全国 15% 以上,水产品出口额占全国的 1/15。

联系人:烟台市海洋经济研究院　刘永胜　联系电话:0535-6920284

立体循环全生态链养殖模式

以科研机构为支撑,龙头企业为核心,合作社为平台,渔户为主体,以"育苗+养殖+加工+销售"为一体化经营模式,渔业产加销环环相扣,形成系统性、实用性、典型性较强的现代海洋牧场运营模式,实现了传统渔业经济向现代渔业经济转型升级。

代表企业:莱州市土山镇泽潭渔业专业合作社,在自有5 333hm²确权海域的基础上,联合渔民、养殖大户、渔业合作社、小型渔业企业,形成 10 667hm² 集中海域,实施全生态链、全产业链、全服务链"三全"经营,实现了全省最大规模的海域使用权流转,全省最大规模的"贝、藻、参"立体生态方和全省最大规模的物联网覆盖。

联系人:莱州市泽潭渔业专业合作社　于伟松　联系电话:18953500807

立体循环全生态链养殖模式

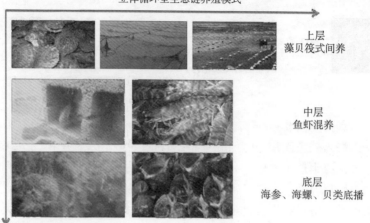

上层
藻贝筏式间养

中层
鱼虾混养

底层
海参、海螺、贝类底播

斑石鲷陆海接力养殖模式

以科企联手、科技创新为支撑，龙头企业间联合为核心，以全程技术服务为保障，实现了斑石鲷产业从育苗、养成到销售的全产业链一体化。

代表企业：莱州明波水产有限公司，占地 20hm²，海域8 333hm²，

陆海接力工艺流程

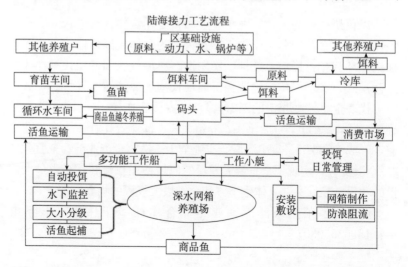

先后开发半滑舌鳎、云龙石斑鱼、斑石鲷、大老虎石斑鱼等 20 余个品种，云龙石斑鱼通过国家新品种审定，建成全国领先的 50 000m² 工厂化循环水养殖示范基地，在莱州湾建成 200 个深水网箱，在国内首次建立 1 个大型智能化生态围网（周长 400m）。年产石斑鱼、斑石鲷等鱼类苗种 2 000 万尾，商品鱼 1 000t，菲律宾蛤仔等贝类 100 000t。

联系人：莱州明波水产有限公司 李文升 联系电话： 18753565597

贝类良种选育示范推广模式

以科技创新为支撑、服务产业为目标，建立了选育优质亲本、繁育优良苗种、推广服务客户的现代化水产良种繁育基地发展模式。

代表企业： 烟台海益苗业有限公司，工厂化车间育苗总水体 67 000m³，陆基标准化池塘 80hm²，近岸海域 200hm²。海湾扇贝"海益丰 12" 2017 年获得水产新品种证书，适合在我国北方海区

海湾扇贝"海益丰12"

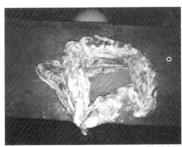

长牡蛎"海大2号"

（河北秦皇岛海域、山东半岛沿岸海域）进行近海筏式养殖。长牡蛎"海大2号"2017年获得水产新品种证书，适合在山东、辽宁、江苏、河北等省沿海地区养殖。

联系人：烟台海益苗业有限公司　刘剑　联系电话：15098489029

陆基工厂化循环水养殖模式

多茬育苗、养成，一年四季都可出苗种、出成鱼。养殖尾水经处理后循环再利用，是一种环境友好型养殖模式。

代表企业：海阳市黄海水产有限公司，拥有陆基海水工厂化循环水育养水体 40 000m³。陆基工厂化循环水养殖平均单产32kg/m³，最高产50kg/m³，单产是传统养殖的3～5倍，耗水量是传统养殖的2%，日补充新水量小于15%；针对不同养殖品种的生长速度可提高20%以上，成活率提高5%以上。企业全年可生产种鱼2万尾，鱼卵500kg，鱼苗1 000万尾，养殖成品鱼年产500t，实现产值8 500万元。

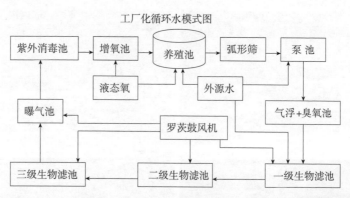

工厂化循环水模式图

联系人：海阳市黄海水产有限公司　薛致勇　联系电话：13705453665

六、潍坊市

潍坊市海岸线长 143km，海域管辖面积 1421km²，全市渔业养殖面积 95 000hm²，其中海水养殖面积 65 000hm²，主要品种有鲆鲽类、虾、蟹、贝类等；淡水养殖 30 000hm²，主要品种有鲤、鲢、鲟、鳟等。全市现已形成 20 000hm² 浅海筏式扇贝养殖带、26 667hm² 底播贝类增殖带、10 000hm² 池塘虾蟹参养殖带、120 万 m³ 水体名贵鱼工厂化养殖带。潍坊市凡纳滨对虾工厂化养殖模式，带动形成大家洼-央子-泊子核心示范区和寿北、昌北两个辐射带动区，年产对虾 2 万 t，产值 12 亿元，被作为现代渔业建设模板在全省推广。临朐虹鳟、鲟等冷水鱼养殖面积 70 万 m³，为江北最大的冷水鱼养殖基地。峡山有机鱼养殖面积 13 333hm²，仅次于浙江千岛湖，为江北最大的有机鱼养殖基地。

联系人：潍坊市海洋发展和渔业局　孙金华　电话：0536-8091255

红星凡纳滨对虾工厂化养殖模式

多茬养殖，四季出虾，养殖尾水经处理后用于提取溴等工业化生产，不产生废物，不污染环境，是一种节能环保环境友好型养殖模式。

代表企业：滨海开发区红星育苗厂，2001 年引进凡纳滨对虾进行工厂化养殖，拥有卤淡水工厂化养殖水体 6 万 m³，平均单产 10kg/m³，最高单产 19.5kg/m³，年养殖批次 5～6 茬，形成了一级综合养殖、二级盐化工尾水利用的凡纳滨对虾"渔盐一体化"的生态工业化高产养殖模式，是山东省"海上粮仓"推广的"滨海红星模式"。企业全年可生产对虾 300t，产值 2 100 万元。

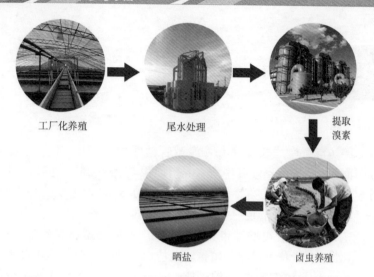

工厂化养殖 → 尾水处理 → 提取溴素

晒盐 ← 卤虫养殖

联系人：滨海开发区红星育苗厂　孙明谭　联系电话：13563650532

临朐冷水鱼养殖技术

　　形成了较为完善的集鱼卵采集、孵化、喂养、成鱼储存和运输销售于一体的生产体系。养殖主要品种有鲟、鳟、哲罗鲑、细鳞鲑、鲑等，以鲟养殖为主。全县现有冷水鱼养殖户 227 户，养殖水体面积 33hm^2，年产量 8 000t 左右，年产值 1.8 亿元左右。

代表企业：临朐县顺宇淡水鱼养殖专业合作社，成立于2013年4月，建立了"公司＋农户"生产模式和"七统一"管理模式。合作社养殖面积2hm²，年产鲟600t，年产值1200万元。

联系人：临朐县顺宇淡水鱼养殖专业合作社　董玉德　联系电话：13606479190

峡山有机鱼增殖技术

峡山湖盛产几十种野生淡水鱼类，年产量6000t以上，2013年3月通过中国质量认证中心的有机认证，认证水域面积达1.5万hm²，成为我国江北面积最大的有机鱼认证区域，盛产的"四孔金翅"潍河鲤扬名国内外。

代表企业：潍坊峡山渔业有限公司，注册了"峡山野生鱼"和"峡山湖"商标，生产的鲤、鲫、草鱼、黄颡鱼、鳊等5种鱼类获中国质量认证中心有机产品认证。

联系人：潍坊峡山渔业有限公司　张代金　联系电话：13869663999

凡纳滨对虾育种技术

拟建立我国凡纳滨对虾活体种质资源库，为全国专业遗传育种中心提供优良种质，力争5～10年内在种质库、技术储备和产品质量等方面达到国际领先水平。

代表企业：邦普种业科技有限公司，2019年收集种虾40批，引进外源凡纳滨对虾家系234个，自主构建凡纳滨对虾家系300个，培育种虾2万对。未来2～3年，公司将继续引进国外凡纳滨对虾优良种质，建立遗传变异丰富的基础群体，通过构建大规模家系，选育出适合我国水域环境、符合水产养殖绿色发展要求的凡纳滨对虾新品种（品系）4 个以上。

联系人：邦普种业科技有限公司　罗坤　联系电话：13589270405

七、济宁市

济宁市位于山东省西南部，辖区内水系发达，河流众多，拥有华北最大的淡水湖泊——南四湖，是南水北调东线工程的重要输水通道，水域资源丰富，水产养殖面积 5.9 万 hm^2，养殖产量 29.7 万 t。水产养殖方式有池塘养殖、网箱养殖、大水面增养殖、工厂化集约式养殖等，水产养殖优势品种为四大家鱼、鲤、鲫、鲂、乌鳢、中华绒螯蟹、克氏原螯虾、鲟、泥鳅等。全市积极发展绿色水产养殖业，建成部级水产健康养殖示范场 36 处，省级水产健康养殖示范场 28 处。稻（藕）渔综合种养面积达 13 333hm^2，鱼台县丰谷米业有限公司被评为国家级稻渔综合种养示范区；微山县建设运行池塘内循环流水养殖场 2 处共 60 条流水养鱼槽。中国渔业协会等单位先后命名微山县高楼乡为中国河蟹之乡、微山县鲁桥镇为中国乌鳢之乡、鱼台县为中国生态龙虾之乡。

联系人：济宁市农业农村局　陈奇　联系电话：0537-3161498

池塘工程化循环水养殖模式

将传统池塘进行工程化改造为小水体推水养殖区和大水体生态净化区。在小水体区通过增氧和推水设备，形成仿生态的常年流水环境，对多个品种开展高密度养殖；在大水体区通过放养滤食性鱼类、种植水生植物，安置推水设施，对水体进行生态净化和大小水体的循环，除了需要适时增添被蒸发的少量水以外，整个养殖过程不需要换水，不外排水。

代表企业：大美微山湖生态科技有限公司，成立于 2015 年 11 月。公司结合美国大豆协会推广的低碳高效循环水养殖模式，在 22.7hm^2 池塘中建设水槽 50 个，养殖品种包括草鱼、鲫、鲈等，产量可达 100kg/m^3。

联系人：大美微山湖生态科技有限公司　杜伟　联系电话：13562741199

陆基集装箱循环水养殖模式

利用外池塘水体作为水源，采用微孔增氧和自流水技术进行养殖，排出的水体经沉淀收集粪便残饵，再经水生植物净化后循环到外池塘。

代表企业：大唐渔业合作社，拥有位于兖州兴隆庄街道的北湖旧村渔场，发展 4 箱陆基集装箱循环水养殖，每个集装箱有效养殖体积 25m^3，养殖品种为乌鳢、草鱼、加州鲈，养殖周期 4 个月，单条集装箱净产 3 500kg。

联系人：大唐渔业合作社　徐振雷　联系电话：13345193888

稻虾生态种养模式

利用稻田资源优势，实施稻虾连作或共作模式，进行稻虾综合种养，实现"一水两用、一田双收、粮渔共赢"。微山湖滨湖稻区是山东省最大的稻区，采用该模式，每 666.7m^2 产优质水稻 500kg，小龙虾 50kg。

代表企业 1：济宁裕米丰生态农业有限公司，占地总面积 68.6hm^2。园区采用稻-藕-虾养殖模式，达到"外封闭、内循环、养殖尾水零排放"环保的效果。

联系人：济宁裕米丰生态农业有限公司　宫贾贾　联系电

话：18678739098

代表企业 2：济宁市怀志家庭农场，采用稻虾连作式养殖模式，每年收获一季稻一季虾，每 666.7m² 产小龙虾 30～60kg，水稻 500kg 左右，与传统的稻麦两熟经济效益相比，每 666.7m² 增收 1 000 元以上。

联系人：济宁市怀志家庭农场　张崇祥　联系电话：15092782381

藕虾生态养殖模式

在种植莲藕池中放养小龙虾，辅助投喂饲料，产出优质小龙虾和莲藕，减少病害发生，较单独种植莲藕大幅提高经济效益。

代表企业：济宁市御香园淡水鱼养殖专业合作社，利用当地大面积藕池，开展了规模化藕虾生态养殖，每 666.7m² 产优质小龙虾 50kg，莲藕 1 500kg。

联系人：济宁市御香园淡水鱼养殖专业合作社　韩来稳　联系

电话：15154772866

大水面鱼类生态养殖模式

在水库、采煤塌陷水域等大水面实施鱼类生态养殖，充分利用水体资源，增产优质鱼类，维护良好水域生态系统，增加经济效益。

代表企业 1：邹城市故下渔业专业合作社

该社拥有采煤塌陷区大水面 107hm^2，养殖的品种鲢、鳙、草鱼取得了无公害产品认证，年产量 350～400t，平均年效益 100 万元。

联系人：邹城市故下渔业专业合作社　李生存　联系电话：13805478185

代表企业 2：邹城市安淼水产养殖专业合作社七一水库养殖基地

该社拥有小型水库 27hm^2，养殖的品种鲢、鳙、草鱼取得了无公害产品认证，年产量 50～80t，平均年效益 30 万元。

联系人：邹城市安淼水产养殖专业合作社　刘广　联系电话：15063721818

代表企业 3：邹城市安淼水产养殖专业合作社洼陡水库养殖基地

该社拥有小型水库 40hm^2，养殖品种有鲢、鳙、草鱼、翘嘴红鲌，其中鲢、鳙取得了有机食品认证，年产量 80～100t，平均年效益 50 万元。

联系人：邹城市安淼水产养殖专业合作社　徐立宝　联系电

话：13605379929

水蛭生态养殖技术

鱼台县宽体金线蛭养殖面积 67hm²，年孵化苗种 10 000 万尾，养殖产量 200t，全县交易量达 2 亿尾，经济总产值达 1 亿元，为水蛭交易主要集散地。

代表企业：山东凯东生物科技有限公司，成立于 2017 年 8 月。拥有水蛭养殖及繁育基地 22 处，总面积 53hm²。采用"公司＋合作社（鱼台县腾运水蛭养殖专业合作社）＋农户"的经营模式，水蛭大田养殖每 666.7m² 产量达 360kg。

联系人：山东凯东生物科技有限公司 黄凯迪 联系电话：18954512555

八、威海市

威海市位于山东半岛最东端，海岸线长 986km，占全省的 1/3，全国的 1/18，管辖海域面积超过 1 万 km²，浅海、滩涂广阔，地质、地貌类型多样，蕴藏着丰富的海洋自然资源。威海濒临烟威、石岛两大渔场，是黄海、渤海两大海区众多经济鱼虾繁殖、越冬、索饵的天然良场及洄游的必经之路，是全国重点渔区和海珍品主产区，盛产 300 多种海产品，其中刺参、鲍、对虾等驰名中外；-15m 等深线以内浅海和滩涂面积超过 20 万 hm²，海水养殖资源丰富。近年来，威海建成标准化池塘 4 667hm²、立体生态筏式养殖 24 000hm²，建成国家级海洋牧场示范区 7 处、省级海洋牧场建设项目 31 处，全市海水增养殖总面积超过 7.3 万 hm²，养殖范围拓展到-30m 以外的深水大流海区，成为全国最大的海水增养殖基地。

联系人：威海市渔业技术推广站　刘缵延　联系电话：0631-5236538

鲆鲽类养殖技术

按照高效、生态、健康、节水、节能、减排的清洁生产新模式进行设施技术改造，达到了养殖水温可控、生产过程机械化、生产管理程序化、养殖用水循环利用，全市鲆鲽类产量高达 120t，产值达 600 万元。

代表企业：威海圣航水产科技有限公司，是唯一一家国家级牙鲆原种场，也是国内鲆鲽类鱼卵生产规模最大的企业。公司占地 25 000m²，拥有循环水养殖车间 8 000m²，年可生产牙鲆鱼卵达到 200kg、大菱鲆鱼卵 450kg。

联系人：威海圣航水产科技有限公司　岳新璐　联系电话：15554488433

海珍品增养殖技术

海水增养殖年产量达到 178 万 t，年产值达到 232 亿元，培植 3 个年产值超过 30 亿元的养殖产品，其中刺参产值达到 70 亿元，海带产量约占全省的 80%、全国的 50%。成功创建"威海刺参""荣成裙带"等 12 个地理标志商标和 79 个省级以上著名品牌或商标。"威海刺参"品牌价值达 56.53 亿元。

代表企业 1：威海海宽海洋生物科技有限公司，公司已建成工厂化育苗养殖车间 30 000m³，年育刺参苗种 5 亿头；标准化养殖池塘 400hm²，年产鲜参达到 50 万 kg，创造经济效益 5 000 多万元。

联系人：威海海宽海洋生物科技有限公司　王绍斌　联系电话：18806300002

代表企业 2：山东高绿水产有限公司，经确权的海域面积

800hm²，滩涂面积167hm²，拥有30 000m³水体的工厂化育苗、养殖车间1处，海藻加工企业3处，万吨海藻冷风库1座，盐渍海带加工流水线10条。

联系人：山东高绿水产有限公司　陈兵　联系电话：13561855266

代表企业3：乳山市润丰水产品养殖场，近年来逐步引进新品种三倍体牡蛎，集成创新了太平洋牡蛎筏式生态育肥养殖技术，牡蛎养殖面积533hm²，年产量4 000t，产值达4 000万元。

联系人：乳山市润丰水产品养殖场　王欢　联系电话：13561822333

海水中使用柔性拦网

解决了各水轮发电机组进水口被漂浮物堵塞所造成的安全隐患，使发电机组安全运行得到了保障，投资仅为同类产品的1/3，为水电厂（特别是径流式电站）、核电站拦截漂浮物提供了借鉴。

升降式底栖性海产动物养殖网箱

性能参数：①使用寿命≥15年；②抗风能力≤12级；③抗浪能力≤4m（波高）；④抗流能力≤2m/s（约4kn海流）；⑤网衣防

附着能力≥10 个月；⑥铜合金网衣对流窗抗污损、耐磨能力≥8年；⑦单箱养殖容量＞1 000kg（养殖成品）；⑧养殖捕获率≥80％。

升降式贝藻养殖筏架

性能参数：①筏架长 60～100m；②升降速度为 0.4～0.6 m/min；③抗风浪能力≤10 级；④抗流能力≤1.5m/s。

该筏架解决了现有的海上架绳式贝藻养殖筏架和充排气式浮筒升降贝类养殖筏架的结构不合理和技术缺陷等问题。

代表企业：威海正明海洋科技开发有限公司，该公司开发出深远海抗风浪网箱、升降式海珍品生态养殖网箱、休闲垂钓网箱、铜合金网箱、网围、网衣、发电柔性拦污栅等产品。发电柔性拦污栅广泛应用于四川、福建、湖南和山东等省水电站和核电站等项目。升降式底栖性养殖网箱应用到 20 多家企业。

联系人：威海正明海洋科技开发有限公司　姜泽明　联系电话：18663108682

九、日照市

日照市海岸线长 168.5km，海域管辖面积 6 000km^2。现已发展近海养殖面积 31 573hm^2，以养殖贻贝、牡蛎、扇贝、海参等为主；近岸池塘养殖面积 1 267hm^2，以养殖中国对虾、日本对虾、梭子蟹、刺参、杂色蛤为主；工厂化大棚养殖面积 613 万 m^2，以养殖大菱鲆、牙鲆、凡纳滨对虾、刺参等为主；大水面养殖面积约 10 200hm^2，以养殖鲢、鳙、草鱼、鲤等为主。2018 年，日照市海水养殖产值约 10.9 亿元，淡水养殖产值 1.3 亿元。全市创建部级水产健康养殖示范场 14 家、省级水产健康养殖示范场 21 家；国家级水产原良种场 1 处，省级水产原良种场 11 处；国家级海洋牧场示范区 4 处，省级海洋牧场 12 处。

联系人：日照市渔业技术推广站　吴廷山　联系电话：0633-8303212

海水池塘微孔增氧高效生态养殖技术

集成优化池塘微孔增氧高效生态养殖、多品种立体综合养殖和微生态制剂调控水质等多项技术，实现海水养殖高质高效。

代表企业： 日照开航水产有限公司，采用"分批放养、分期收获"方式，在海水池塘中进行虾、蟹、贝的综合养殖。每 666.7m^2 对虾、三疣梭子蟹、菲律宾蛤仔产量分别达到 30kg、300kg、3 100kg，实现净水面每 666.7m^2 综合产值 1.5 万元以上、利润 0.38 万元以上。

联系人：日照开航水产有限公司　刘召乐　联系电话：15865998036

中国对虾苗种繁育技术

建立中国对虾苗种繁育基地，向全国提供优质对虾良种。规划5年内在中国对虾种质资源、技术储备和苗种质量等方面达到国内领先水平。

代表企业：日照海辰水产有限公司，是国内唯一一家国家级中国对虾良种场。年产越冬中国对虾亲虾 2.6 万尾，年产中国对虾无节幼体 160 亿尾、虾苗 3.8 亿尾。在山东及我国其他省份沿海地区推广中国对虾"黄海 3 号"养殖面积 5 333hm² 以上。

联系人：日照海辰水产有限公司　　王培春　联系电话：13066058199

海洋牧场建设技术

将海洋牧场作为现代渔业发展重点，大力发展海上观光、体验、品尝、海钓等，不断拓展海洋牧场休闲功能，培植渔业经济新亮点。

代表企业 1：日照顺风阳光海洋牧场有限公司，是一家以海上垂钓、亲子游钓、海钓赛事为主，集休闲旅游、休闲垂钓等于一体的国家 AAA 级景区、国家级海洋牧场示范区。2018 年接待游钓26 万人次，实现综合收入 3 000 多万元。

联系人：日照顺风阳光海洋牧场有限公司　　王汉刚　联系电

话：15863341881

代表企业 2：日照市欣彗水产育苗有限公司，大力发展休闲渔业，建设了包括海洋知识科普长廊、海洋牧场展示厅、滨海游乐园等超过 2 000m² 的欣彗休闲渔乐园。2015 年被评为国家级休闲渔业基地和国家 AAA 级旅游景区。

联系人：日照市欣彗水产育苗有限公司　安秀香　联系电话：13356335860

绿鳍马面鲀网箱养殖技术

该品种具有养殖普适性、生长速度快等显著特点。同时绿鳍马面鲀肉质鲜嫩、价格适中，一直受消费者认可、市场欢迎，适合规模化示范推广养殖。目前岚山区有网箱养殖面积 67hm²。

代表企业：日照腾飞海洋科技有限公司岚山分公司，与中国水产科学研究院黄海水产研究所合作，成功实现苗种全人工繁育。公司核心区养殖面积 73hm²，年养殖绿鳍马面鲀 10 万 kg，年生产 500g 以上的商品鱼 5 000kg，年销售收入 200 万元。

联系人：日照腾飞海洋科技有限公司岚山分公司　黄亮　联系电话：15953099199

黄海冷水团三文鱼养殖技术

日照市黄海冷水团三文鱼养殖已完成技术路线验证，并取得中试养殖成功，走在了国内冷水鱼养殖的前列。三文鱼养殖采用"陆海接力""山海联动""企业＋合作社＋农户"的三元主体协同养殖模式，实现黄海冷水团三文鱼规模化养殖示范带头作用。

代表企业： 日照市万泽丰渔业有限公司，率先在黄海冷水团海域开展深远海养殖，开创了世界温暖海域规模化养殖三文鱼的先河。现已建成低温循环水三文鱼苗种繁育基地 1 处，水体 1 500m³，大规格苗种年生产能力 100 万尾；建成地下半咸水与海水逐级混合的海水驯养基地 1 处，车间占地面积 4 660m²，创新多倍体三文鱼苗种循环水培育、海水驯化装备及设施的设计和建造技术，实现低温水和养殖废水循环利用，为黄海冷水团鱼类养殖提供大规格的健康苗种；建成我国首艘养殖工船（鲁岚渔养 61699），船长 86m，配备养鱼水舱 14 个，养殖水体 2 000m³。可抽取海面下 40m 的低温海水进行三文鱼养殖，产量可达 50t。

联系人：日照市万泽丰渔业有限公司　周杰　联系电话：0633-8663111

十、临沂市

临沂市淡水资源位居山东省第二位，水域面积 7.5 万 hm²。全市境内有河流 1 812 条，河流水域面积 4.4 万 hm²。水库 901 座，总库容 34 亿 m³，可增养殖水面 2.2 万 hm²，池塘养殖面积 5 400hm²。主要养殖经济鱼类 60 多种，大银鱼是特色水产养殖品种，产量位居山东省乃至全国前列。近年来，临沂市突出发展了生态渔业、休闲垂钓渔业和观赏鱼产业等，成功创建了全国平安渔业示范县 1 个，国家休闲渔业示范基地 2 个，国家级水产种质资源保护区 3 个，部、省级水产健康养殖示范场 39 处；先后获得"中国大银鱼之乡""中国休闲垂钓之都"称号；"中国·临沂（沂河）休闲垂钓大赛"被农业部认定为"全国有影响力的休闲渔业赛事"，成为全国获得该荣誉的十大赛事之一；"中国·沂河公益放鱼活动"成为"全国有影响力的休闲渔业赛事"。

联系人：临沂市渔业发展保护中心　戴一琰　联系电话：0539-8308625

大水面生态养殖模式

全市大、中型水库多为饮用水源地或备用水源地，水质常年保持在Ⅱ类、Ⅲ类标准，为发展大水面生态渔业提供了得天独厚的资源优势。大水面生态养殖主要品种为鲢、鳙、大银鱼等名优淡水品种，年产优质鲢、鳙近 8 万 t。

代表企业：蒙阴云蒙湖渔业有限公司，2008 年起开展大水面生态健康养殖，养殖规模 5 773hm²，年产 6 000t 优质水库鱼，产值 1 000 多万元。2009 年 4 月，农业部中绿华夏有机食品认证中心认证该基地出产的鲢、鳙、草鱼、鲤、鲫、大银鱼六个品种为有机水产品。2010 年，该公司的"沂蒙湖"牌有机鱼获沂蒙优质农产品"十佳"品牌。

联系人：蒙阴云蒙湖渔业有限公司　公为强　联系电话：13853939218

工厂化流水养殖模式

依托沂河和浅层地下水的优质冷水资源，全市建设了 30 多处以鲟、虹鳟等冷水鱼类工厂化繁育养殖为主导的现代渔业园区，全面示范带动沿河岸带现代渔业发展。沂南现代渔业产业园和蒙阴海润现代渔业园区被评为省级现代渔业园区。

代表企业：福勇鲟鱼养殖专业合作社，是省内最大的史氏鲟现代化良种繁育场、部级水产健康养殖示范场。占地面积 8hm²，建有现代化繁育车间 10 000m²。常年保存 50kg 左右的史氏鲟亲鱼 2 000 多尾，后备亲鱼 8 000 尾。拥有成熟的史氏鲟微创伤取卵全人工繁育技术，年人工繁育受精卵 1 200 万粒，培育鱼种 400 万尾，生产鲟商品鱼 300t 以上，年均纯效益 600 余万元。

联系人：福勇鲟鱼养殖专业合作社 丁德福 联系电话：13905393016

池塘工程化循环水养殖模式

池塘设置流水槽，将传统池塘的"开放式散养"变为"集约化圈养"，使"静水"池塘实现了"流水"养鱼，形成集循环流水、生态净化、排污回收、集约养鱼、自动控制于一体的生态友好型养殖模式。

代表企业：临沂鸿盛特种养殖场，拥有养殖池塘 14.7hm²，2019 年建设 6 条玻璃钢流水槽，面积 1 122m²，开展罗非鱼、草鱼和鳜的养殖。目前，单个流水槽产值可达 40 余万元。该模式在临沂费县进行初步推广，发展流水槽 22 条，实现年产值 800 余万元。

联系人：临沂鸿盛特种养殖场 赵峰 联系电话：13905396736

休闲垂钓产业模式

临沂垂钓历史悠久，休闲垂钓氛围浓厚，全市共有休闲垂钓爱好者 120 余万人。全市已发展各类休闲渔业点 2 000 多处，创建国家级休闲渔业示范基地 2 处、省级休闲渔业公园 1 处、市级休闲渔业示范基地 30 处。全市从事垂钓用品生产销售的企业有 400 余家，年营业额 10 多亿元。2014 年 7 月，临沂市被中国休闲垂钓协会命名为"中国休闲垂钓之都"。2013 年起，临沂市每年举办千人以上规模的"中国·临沂（沂河）休闲垂钓大赛"，成为国内参赛人数最多、垂钓岸线最长、观众人数最多的休闲垂钓赛事之一。2017年，中国·临沂休闲垂钓大赛被农业部评为"全国有影响力的休闲渔业赛事"。

代表企业：山东化氏集团，是一家专业制造钓鱼用品的企业，其投资建设的沂南县朱家林国家级田园综合体——"渔乐高湖"垂钓小镇，定位发展为国内高端休闲垂钓基地。

联系人：山东化氏集团　王超　联系电话：18954916666

特色渔业品牌建设

临沂大银鱼自1991年从太湖引进，已发展增殖面积近2.7万 hm²，年产大银鱼 2 000t，受精卵10亿余尾。2012年，临沂市被中国水产品流通与加工协会授予"中国大银鱼之乡"称号。2014年"临沂大银鱼"获得农业部地理标志产品称号。

代表企业：莒南县天湖渔业养殖专业合作社，在莒南县陡山水库建立了 1 427hm² 的大银鱼良种保种、繁育、养殖基地，2009年被认定为省级大银鱼良种场。年采集大银鱼受精卵4亿粒，捕捞大银鱼150t左右，产值近500万元。

联系人：莒南县陡山水库管理处　薛俊健　联系电话：13953985912

十一、德州市

德州市地处鲁西北，黄河下游冲积平原，2019年全市水产养殖面积0.66万hm²，水库等增殖面积0.46万hm²，产量6.95万t，渔业增加值9.94亿元。通过实施渔业"精准服务"行动，培育适度规模新型渔业经营主体，形成京台高速沿线优质高效渔业长廊、黄河与徒骇河沿线"上粮下渔"精细生态渔业区、黄河三角洲国家生态渔业基地项目区、"南水北调"沿线新兴渔业区、水库增殖放流高端产品渔业区、城郊型休闲渔业区等六大水产养殖聚集区。通过推广凡纳滨对虾养殖、泥鳅"育繁推"一体化养殖、小龙虾藕池综合种养、罗非鱼工厂化养殖、中华鳖生态养殖、观赏鱼养殖等，形成以"一白一黄一红"三大特色养殖品种为支撑，以罗非鱼、中华鳖、观赏鱼、鲤养殖为补充的特色养殖品种结构。

联系人：德州市农业农村事业发展中心　类咏梅　联系电话：0534-2253232

泥鳅"育繁推"一体化模式

引进成鳅，进行人工取卵、人工授精、人工孵化。孵化3d后将"水花"放到繁育池进行喂养，喂养10d左右，放到池塘进一步促壮，20d左右即可出售商品泥鳅苗。这种模式每666.7m²放养成本为1 000元左右，比传统的放养方式每666.7m²节省苗种费5 000元以上。

代表企业1：宁津县千鳅养殖专业合作社，是一家集泥鳅苗种繁育、养殖、技术推广于一体的综合性养殖单位。池塘养殖面积21.3hm²，每666.7m²产泥鳅2 500kg以上，年产量达800t，标准化孵化车间1 000m²，每年可孵化"水花"30亿尾，年销售收入

1 256 万元，实现净利润 450 万元。合作社建立了"公司＋基地＋农户"的运作模式。

联系人：宁津县千鳅养殖专业合作社　陈绪勇　联系电话：15066510000

代表企业 2：清洋湖水产专业养殖合作社，拥有清洋湖标准化泥鳅养殖外塘 13hm²、高密度养殖外塘 13hm²，每 666.7m² 产泥鳅 2 250kg 以上，年产值 900t；拥有渔业智慧温室 8 500m²，水体产量 15kg/m³，一年可以养殖两茬，年产量 200t。创建"清洋湖"品牌。

联系人：清洋湖水产专业养殖合作社　孙连军　联系电话：18596273567

凡纳滨对虾养殖技术

包括凡纳滨对虾池塘精养模式、高位池养殖模式、温棚池塘接续养殖模式、鱼虾混养生态养殖模式等。

代表企业：乐陵市孟氏渔业有限公司，是集苗种繁育、淡化标粗、养殖、技术输出、产品加工于一体的综合性养殖单位。公司旗下有三大产业基地：工厂化育种繁育基地、标准化养殖基地及食品深加工基地。探索创立了池塘养殖凡纳滨对虾、台田养殖东亚飞蝗的"上虫下渔"立体生态循环养殖模式，合理利用盐碱地，每 666.7m² 平均产量在 4 600kg 以上，年产优质鱼 460t，年产值 1 500 万元，渔业纯效益 600 万元，每 666.7m² 平均效益 6 000 元。

联系人：乐陵市孟氏渔业科技有限公司　孟凡佳　联系电

话：18963007009

藕虾综合混养技术

在藕塘内套养小龙虾是种植业和养殖业相互利用、互相补充的一种新的生产模式，莲藕对水质具有净化作用，小龙虾排泄物又为藕塘增加了有机肥料，实现了莲藕、小龙虾互利双增收。

代表企业：陵城区金庄水产养殖专业合作社，占地面积33hm²，修建标准化养殖池塘18.7hm²，其中藕虾综合混养池塘10hm²，每666.7m²产值8 800元、效益7 700元，以养殖销售小龙虾、莲藕为主，同时大力发展小龙虾垂钓、旅游采摘、餐饮服务等项目，扩大产业范围，增加经济收入，实现渔业综合发展。

联系人：陵城区金庄水产养殖专业合作社　金德旺　联系电话：13853416122

观赏鱼养殖技术

齐河县充分发挥百里黄河穿境而过的资源优势，培育和打造齐河观赏鱼特色品牌。

代表企业：山东铭源锦鲤养殖场，公司占地 2.7hm²，建成 15 000m² 温室大棚三座，内建各类鱼池 100 多个，同时还建有面积 500m² 的高标准拍卖展示厅。2019 年完成"水花"生产 1 000 多万尾。红白、大正、昭和、白写、秋翠、黄金、茶鲤、介子、德系鲤等名贵品种齐全。

联系人：山东铭源锦鲤养殖场　马明胜　联系电话：13906419553

中华鳖生态养殖技术

以金寿牌生态养殖中华鳖为主打品种，实施无公害健康养殖技术，打造独具特色的地域渔业品牌，形成黄河渔业特色。

代表企业：山东科淼黄河甲鱼生态养殖有限公司，年产中华鳖苗种 300 万余只，商品鳖超过 30 万 kg。公司以野生黄河系中华鳖为亲本，提纯复壮培育出背甲金黄、腹甲浅黄、内有黄油（三黄）、体阔背平，裙边肥大、厚，性情凶猛的优质中华鳖种苗。

联系人：山东科淼黄河甲鱼生态养殖有限公司　杨兆凯　联系电话：18853113068

罗非鱼工厂化养殖技术

培育引进优质品种"新吉富"罗非鱼，通过利用具有高效技术含量的设施和技术，结合天然地热条件，实现罗非鱼的工厂化循环水健康养殖，能够有效缩短养殖周期，实现商品连续上市。

代表企业：德州市德惠淡水鱼养殖有限公司，占地面积

67hm^2，拥有标准化养殖池塘 20hm^2，工厂化循环水养殖车间 25 990m^2。"新吉富"罗非鱼年产量 540t 以上，产值 760 余万元，是一家集鱼种培育、销售、服务于一体的渔业生产龙头企业。

联系人：德州市德惠淡水鱼养殖有限公司　高静　联系电话：13805348365

十二、聊城市

聊城市以丁马甲鱼、高唐锦鲤、东阿黄河鲤三条鱼为重点，发挥三条鱼在全市水产养殖业中的引领作用，持续打造茌平加州鲈、斑点叉尾鲴、东昌府区和莘县罗非鱼、冠县革胡子鲇、阳谷中华鲟等具有聊城优势的"一县一品"特色产业，推进了渔业生产健康发展。2019年，全市养殖面积7 200hm²，渔业产量5.7万t，渔业产值25.2亿元。

联系人：聊城市渔业技术推广站　魏成军　联系电话：0635-7116608

池塘工程化循环水养殖模式

通过集中养殖、吸污和处理，约80％的残饵、粪便可以被回收作为有机肥，剩下的20％由已建成的鱼塘底排污系统收集利用，整个过程零水体外排。通过在外围鱼塘里饲养鲢、鳙等滤食性鱼类，种植浮游生物和水生植物，进一步净化水质。

代表企业：东阿县庞苓水产养殖专业合作社，现有社员59户，养殖基地总面积8.4hm²，是"市级休闲渔业示范点"和"山东省水产健康养殖示范场"。2019年实现产值28.96万元。

联系人：东阿县庞苓水产养殖专业合作社　姜建国　联系电

话：15864911061

加州鲈工厂化循环水养殖技术

工厂化循环水养殖加州鲈，可以实现全年养殖、错峰上市。养殖尾水经过沉淀、曝气、分解，有效吸附、分解养殖环节产生的各类固废物质，维持良好的养殖环境，减少了病害发生，具有节水节能、病害少、产量高的优势。

代表企业：山东泰丰鸿基农业科技开发有限公司，成立于2016年。现已建成工厂化养殖车间 3 万 m²，生态外塘 12.3hm²。养殖过程中采用微孔增氧、微生态制剂的"两微"技术和公司发明专利"一般推水增氧装置"，环保节能。2019 年养殖加州鲈共计190 万尾，年销售加州鲈 92.5 万 kg，获得利润 3 000 万元。

联系人：山东泰丰鸿基农业科技开发有限公司　朱广泰　联系电话：15763501166

黄河鲤养殖技术

以"中国黄河鲤之乡"——东阿县为重点县，按照东阿黄河鲤系列标准（生产、监督、采收、运输、净养、销售）组织生产，采用鱼菜综合种养、池塘工程循环水养殖、工厂化养殖等技术模式，努力打造区域化品牌渔业。东阿黄河鲤是"双地标"（中国农产品地理标志保护产品、中国地理标志证明商标）产品，现精养面积达333hm²，其他养殖面积 800hm²。

代表企业：东阿县绣青水产养殖专业合作社，核心区养殖面积 17hm²，建有工厂化车间 1.26 万 m²，注册有"阿黄"品牌商标。主要开展东阿黄河鲤种质资源保护、亲鱼培养、苗种繁育、成鱼养殖、品牌销售等工作。现有东阿黄河鲤省级良种场 1 处，储有 3 种来源可用于繁育的亲本 700 组、后备亲本 2 000 组，年产苗种 1.2 亿尾，产品销往河北、河南、山东、上海、江苏等地。

联系人：东阿县绣青水产养殖专业合作社 刘磊 联系电话：15275897777

锦鲤养殖技术

2015 年 10 月，高唐县荣膺"中国锦鲤第一县"称号。2017 年 2 月，"高唐锦鲤"获得中国地理标志认证，高唐县已成为锦鲤界一颗璀璨的明珠。

高唐县锦鲤养殖面积达到 533hm²，高标准工厂化养殖车间达 3.6 万 m²，年繁育优质锦鲤过亿尾。高唐县通过引种培育，形成了多个被国内外广泛认可的锦鲤优良品种。

代表企业： 高唐盛和水产养殖有限公司，成立于 2012 年，拥有工厂化养殖车间 6 000m²，养殖水体 10 000m³，高标准池塘面积 5.3hm²。以锦鲤养殖为主，年繁育锦鲤苗种 2 000 万尾，培育高品质锦鲤 50 多万尾，年产值上千万元。

联系人： 高唐盛和水产养殖有限公司　贾清河　联系电话：18906358168

中华鳖生态养殖技术

以临清市、东昌府区、开发区为重点养殖区，按照生态健康养殖的标准进行生产，生态养殖面积超过 1 333hm²。

代表企业： 山东丁马生物科技有限公司，始建于 1992 年，占地面积 71hm²，是集野生中华鳖原种保护、优质丁马甲鱼苗种繁育、自然生态生物绿色养殖、丁马甲鱼生物育种、生物饲料生产、深加工及销售于一体的农业产业化国家重点龙头企业、全国农产品加工业示范基地。公司拥有标准化亲鳖养殖池共计 33 个，养殖水面近 14 万 m²，养殖能力 28 万只；自然控温控湿生态孵化室 1 700m²，年孵化稚鳖 2 000 万只；工厂化温室 92 栋，面积 175 000m²，养殖能力 1 000 万只；标准化商品鳖养殖池 40 个，水面 22 万 m²，养殖能力 150 万只。

联系人： 山东丁马生物科技有限公司　李法军　联系电话：13869592841

十三、滨州市

滨州市海岸线长 126.44km，－10m 以上浅海海域面积 23.3 万 hm²，潮间带高地面积 17 万 hm²。全市水产养殖面积 8.7 万 hm²，其中海水养殖面积 7.2 万 hm²，淡水养殖面积 1.5 万 hm²，对虾、贝类、卤虫成为滨州渔业优势主导品种，形成了 "虾贝虫" 渔业经济模式。全市对虾养殖面积达到 5.3 万 hm²，年产量 10 万 t，占全省总产量的一半以上。其中，内陆博兴县建有标准化凡纳滨对虾精养池塘 2 533hm²，养殖产量达到 2.2 万 t，产值 8.6 亿元，年利润达到 4.6 亿元，被誉为 "中国白对虾生态养殖第一县"。浅海滩涂贝类作为滨州的优势渔业资源，拥有国内蕴藏量最大的野生近江牡蛎种群，贝类年产量达 20 万 t，产值近 20 亿元。滨州作为全省最大的海盐生产基地，历经 30 余年的发展，成为全国最大的卤虫卵加工、销售集散地，年加工精品卤虫卵达 3 000t，占到国内 75％的市场份额，产品远销东南亚等沿海国家，年销售收入 12 亿元。

联系人：滨州市海洋发展和渔业局　张振华　联系电话：0543-3365055

凡纳滨对虾养殖技术

滨州市凡纳滨对虾养殖面积 5.3 万 hm²，年产量 10 万 t，占全省总产量的一半以上，稳居全省第一。内陆凡纳滨对虾 "135" 分级接续二茬养殖技术渐趋成熟，每 666.7m² 平均产量提高近 30％，该项技术被山东省农业农村厅和山东省科技厅确立为 2020 年全省 7 项渔业主推技术之一。在一系列渔业项目的示范带动下，全市改造标准化池塘 2 133hm²，新建工厂化养殖车间 70 000m²，繁育优质对虾苗种 320 亿尾，滨州对虾 "南苗北育" 的知名度进一步提升。

代表企业： 渤海水产股份有限公司，2017年9月上市，主要从事凡纳滨对虾的海水养殖、水生植物养殖、凡纳滨对虾育种、虾苗繁育、饲料生产及冷藏加工业务。公司养殖区总面积近2万hm^2，年养殖、捕捞对虾和藻类等各种海产品13 000t，深加工产品5 000t。通过品牌化管理，在市场上打造了"脊岭岛"对虾品牌，获得ASC认证、有机产品认证、HACCP体系认证以及CQC食品安全管理体系认证等多种资质，产品出口日本。

联系人：渤海水产股份有限公司　张驰　联系电话：15066934736

底播型海洋牧场建设技术

建设了无棣正海、新创2个总面积6 667hm^2的贝类底播型海洋牧场，已完成海上自升式观测平台、气垫船、观测网等设施建设，启动了牡蛎礁恢复与重建工作，并将配套贝类苗种繁育、成品贝类净化育肥等设施。

代表企业： 山东省滨州港正海生态科技有限公司，成立于1995年7月，是一家集原盐生产、盐化工、水产品养殖、育苗、藻类养殖和加工等于一体的科技企业，公司主要进行了贝类原良种选育、贝类资源修复、贝类清洁生产、水产品深加工、"牧场＋互联网"、休闲渔业等方面的建设，规划建成北部沿海规模最大的贝类生产、加工和流通基地，打造正海国家级海洋牧场。

联系人：山东省滨州港正海生态科技有限公司　冯淑兰　联系电话：15054333668

渔业特色品牌建设

启用"滨州对虾"地理标志证明商标。渤海水产股份有限公司的盐田虾通过了ISO、HACCP、有机认证，超低温冷冻对虾出口日本。博兴县、高新区被中国渔业协会评为"中国白对虾生态养殖第一县""黄河鲤孝文化之乡"。博兴县创立"白对虾节"，渤海水产股份有限公司举办"盐田虾宴"，滨州水产品的社会知名度和影响力逐步扩大。"渤海水产大宗商品交易平台"建成运营，实现了介于现货与期货之间的水产品大宗商品网上交易。

代表企业：山东省友发水产有限公司，成立于1997年，现拥有4 000hm² 无公害水产养殖场、50 000m³ 水体工厂化育苗车间、3 000t 库容的大型冷库，形成了初级卤水育苗养殖（海参、对虾）、养殖尾水（中级卤水）提溴、溴后卤水养殖卤虫、饱和卤水制盐的海水梯次开发的"一水多用"生产模式。公司注册的"友发""港棣""环渤海"牌卤虫卵产品，具有颗粒小、孵化速度快、同步性好、初孵幼体含 EPA 高、成虫生殖方式为孤雌生殖等优势，2016年3月获得了农业部农产品地理标志登记证书。公司是目前国内最大的卤虫卵加工与出口企业，拥有国内最大的卤虫增养殖基地及卤虫卵原料交易中心，市场覆盖国内沿海主要水产育苗地区，并占领了泰国、印度尼西亚、马来西亚、越南等东南亚主要养虾国家的水产育苗市场。

联系人：山东省友发水产有限公司　付壤辉　联系电话：18765097077

十四、菏泽市

　　菏泽市以黄河故道、黄河滩区和采煤塌陷区为重点，抓好宜渔荒洼资源综合开发，全市水产养殖面积达到 16 667hm^2，建成省级渔业园区 11 家，发展渔业合作社 69 家，实现了渔业规模化发展；以名优品种特色养殖为重点，累计放养面积达 13 333hm^2，实现了渔业高效发展；以应用渔业养殖新模式为重点，积极开展稻藕渔综合种养、池塘循环水养殖、工厂化养殖和"渔光互补"养殖等新模式，累计推广养殖面积达 6 667hm^2，实现了渔业绿色发展。全市确定了以牡丹区、巨野县为主的"黄河甲鱼"生态养殖，以东明县、鄄城县为主的"黄河鲤"养殖，以牡丹区、曹县、鄄城县、郓城县、单县为主的稻渔、藕渔综合种养的养殖格局。

　　联系人：菏泽市水产服务中心　李建立　联系电话：0530-3130808

"渔光互补"养殖模式

　　立足光伏资源优势，推广"渔光互补"养殖模式，养殖小龙虾 200hm^2。

代表企业：曹县盈祥水产养殖专业合作社，开发光伏阵列鱼塘，利用"渔光互补"模式专一养殖小龙虾，实现了土地资源的立体复用，渔业养殖和光伏发电互融互补。虾苗养殖 3 个月上市，每 666.7m² 产量 1 500kg，每 666.7m² 平均效益 3 000 元。

联系人：曹县盈祥水产养殖专业合作社　张杰　联系电话：13345277999

中华鳖生态养殖技术

以巨野县、牡丹区为重点县（区），按照生态健康养殖的标准，建设中华鳖生态养殖精养塘 440hm²，混养池塘 3 333hm²。

代表企业：巨野海东渔业养殖专业合作社，核心区中华鳖养殖面积 73hm²，工厂化车间 1.35 万 m²，注册有"河中参"中华鳖品牌，产品销往全国各地。年繁殖中华鳖苗 220 万只，年生产 500g 以上的商品中华鳖 100 多万只，年销售收入 5 000 万元。与中国科学院理化技术研究所合作，开展中华鳖产品研制，开发出甲鱼多肽、甲鱼蛋白粉、甲鱼明胶等产品。

联系人：巨野海东渔业养殖专业合作社　常海东　联系电话：15554060000

稻藕渔综合种养技术

稻藕田养虾、养蟹、养泥鳅等藕渔混作和稻渔综合种养面积为 3 333hm²，实现一水两用，提高了养殖效益。

代表企业：单县丰泽园生态养殖专业合作社，利用 120hm² 荒洼地，开发出河蟹、黄颡鱼、加州鲈等名优水产品养殖池塘 31hm²。开发 47hm² 低洼地，利用养殖尾水种植水稻，实现了养殖尾水零排放。公司年产优质鱼 50 万 kg，香稻 4 万 kg，年产值 1 400万元。

联系人：单县丰泽园生态养殖专业合作社　张春龙　联系电话：13953081298

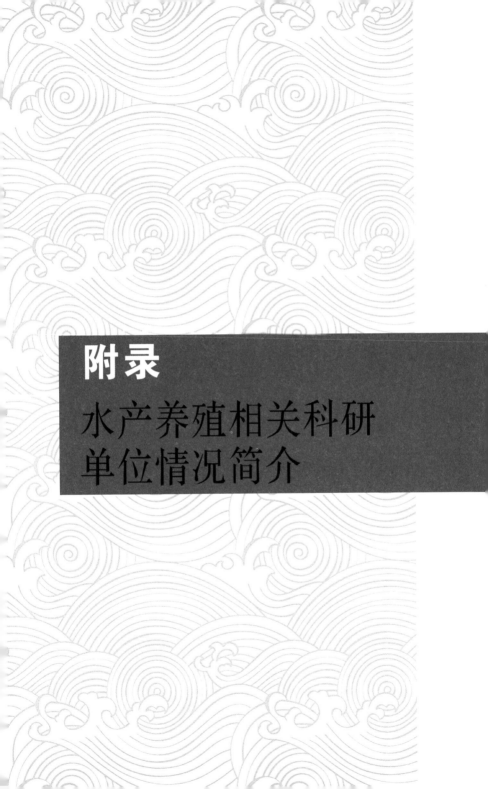

附录

水产养殖相关科研单位情况简介

中国海洋大学

　　中国海洋大学是一所海洋和水产学科特色显著、学科门类齐全的教育部直属重点综合性大学，创建于 1924 年，历经私立青岛大学、国立青岛大学、国立山东大学、山东大学等办学时期，于 1959 年发展成为山东海洋学院，1988 年更名为青岛海洋大学，2002 年更名为中国海洋大学。2017 年 9 月入选国家"世界一流大学建设高校"（A 类）。

　　现有教职工 3 500 余人，其中博士生导师 474 人，中国科学院院士 5 人，中国工程院院士 9 人，"万人计划"领军人才 13 人，国家杰出青年基金获得者 18 人。有科技部重点领域创新团队、自然科学基金委创新研究群体和教育部"长江学者和创新团队发展计划"创新团队等在内的 4 个国家级创新团队、6 个省部级创新团队。

　　学校海洋科学、水产学科均入选世界一流学科。地球科学、植物学与动物学、工程技术等 9 个学科（领域）保持在美国 ESI 全球科研机构排名前 1％。作为青岛海洋科学与技术试点国家实验室的主要依托单位，运营"海洋动力过程与气候""海洋药物与生物制品"2 个功能实验室。拥有国家海洋药物工程技术研究中心、海洋大数据国家地方联合工程研究中心，同时，学校还拥有教学和科学考察船舶 3 艘。

　　联系人：中国海洋大学　平晓涛　联系电话：0532-66781760

中国科学院海洋研究所

中国科学院海洋研究所始建于 1950 年 8 月 1 日，是中华人民共和国成立后第一个专门从事海洋科学研究的国立机构，是我国海洋科学的发源地，是我国规模最大、综合实力最强的综合海洋研究机构之一。现有在职职工 740 余人，其中专业技术人员近 600 人，两院院士 3 人，博士生导师 102 人，硕士生导师 172 人；设有一级博士学位点 3 个，二级博士学位点 9 个，硕士学位点 10 个，专业硕士学位点 3 个以及海洋科学博士后流动站 1 个。

研究所拥有实验海洋生物学、海洋生态与环境科学、海洋环流与波动、海洋地质与环境、海洋环境腐蚀与生物污损 5 个中国科学院重点实验室，以及海洋生物分类与系统演化实验室、深海研究中心，建有国家海洋腐蚀防护工程技术研究中心、海洋生态养殖技术国家地方联合工程实验室、海洋生物制品开发技术国家地方联合工程实验室等多个国家级科研平台。

近 70 年来，研究所在我国海洋科技主要领域的研究和发展中做出了许多奠基性和开创性的贡献，引领我国海洋科学的发展，取得 1 100 余项科研成果，共发表论文 11 000 余篇，出版专著 230 余部，授权发明专利 500 余项。

联系人：中国科学院海洋研究所　王子峰　联系电话：0532-82898869

中国科学院烟台海岸带研究所

中国科学院烟台海岸带研究所以"认知海岸带规律，支持可持续发展"为使命，围绕海岸带环境安全、海岸带资源保育与利用和可持续发展管理研究方向，开展多学科交叉研究，建立了陆海统筹的海岸带"监测-过程-风险-修复-利用-管理"的理论体系，出版了中国海岸带科学系列丛书，创建了"河道-河口-滨海湿地-海湾"一体化生态修复技术体系，研制了系列环境现场快速监测检测装备，开发了生物制品 30 余项；发表学术论文 4 328 篇，其中 SCI 文章 2 397 篇（IF 大于 7 的 185 篇，领域 TOP 790 篇），SCI 论文篇均被引频次达 17.45，环境与生态、化学、动植物科学三个学科进入科学指标数据库 ESI 前 1‰；授权国内发明专利 320 项，软件登记 46 项，成果转化增加产值 16 亿元；研究成果先后获得省部级及行业科技奖励 27 项；提交的 40 余项咨询建议被省部级及以上部门采纳；培养研究生 576 人，其中 7 人获院长特别奖，12 人获院长优秀奖。在国内，中国科学院烟台海岸带研究所是中国海洋工程咨询协会海岸科学与工程分会和中国太平洋学会海岸管理科学分会的挂靠单位；在国际上，是全球五个"未来地球海岸科学计划项目办公室"之一的挂靠单位，形成了一支以中青年博士为主体的科技创新队伍。

联系人：中国科学院烟台海岸带研究所　王德　联系电话：0535-2109036

中国水产科学研究院黄海水产研究所

  建所 70 多年来，中国水产科学研究院黄海水产研究所紧紧围绕"海洋生物资源开发与可持续利用"研究这一中心任务，在"渔业资源、生态环境与捕捞""种质工程与健康养殖""加工、产物资源与质量安全"等领域先后承担并完成了 1 600 余项国家和省部级的研究课题，取得了 300 多项国家和省部级重大科研成果，获得国家及省部级奖励 200 多项，其中国家级奖励 44 项，以第一完成单位获得国家科技进步一等奖 2 项、二等奖 5 项，国家技术发明二等奖 3 项。授权专利 670 余项；获水产品新品种证书 13 个。在国内外专业期刊发表学术论文 5 200 多篇，出版专著百余部，编辑出版学术刊物《渔业科学进展》。近年来，中国水产科学研究院黄海水产研究所积极贯彻落实国家海洋强国和创新驱动发展战略，以服务国家需求为己任，面向社会，面向产业，在海洋渔业种质与遗传、海洋渔业资源与养护、海洋渔业环境与生态修复、海水养殖与防疫技术、海洋生物综合利用与水产品质量安全、海洋渔业生产突发问题应急等公益性基础研究以及水产养殖新品种培育等应用技术研发方面开展了许多创新性工作，取得了多项高水平原创成果和突破性应用技术创新成果，为我国海洋渔业科学事业的发展和渔业经济建设做出了重要的贡献。

  联系人：中国水产科学研究院黄海水产研究所　刘志鸿　联系电话：0532-85836340

山东农业大学

　　山东农业大学是农业农村部和省政府共建高校，拥有国家重点实验室、农业农村部产品质量监督检验测试中心、省级国际合作研究中心、省级新型智库。科研设备齐全。设有动物科技学院等21个学院。培养了10位院士，获国家级科技成果奖29项，先后与美国、英国、德国、日本等国家的21所国外大学建立了校际合作关系。水产养殖专业隶属动物科学学院，是教育部于1988年批准建立的一级学科。设有动物遗传种一级学科博士学位授权点、水生生物学二级学科硕士点。水产系设有水产养殖和水族科学与技术专业。配备有水产动物遗传育种与健康养殖研究室、水产动物营养与免疫学研究室、水产动物病害防控研究室、水质监测和生物饵料培养研究室。在东平县新湖镇建有"东平湖淡水龙虾良种创制选育工程中心暨东特种水产苗种繁育基地"，在日照欣彗水产苗种场建有"山东省休闲渔业工程技术协同创新中心"等校外教学科研实习基地。产学研结合，协同创新，承担了国家自然科学基金、省部级以上科研课题40余项；在淡水养殖品种杂交选育，新品种引进、驯化、繁殖，水质调控、营养与免疫、病害防控、益生菌筛选、生物包研发等方面取得丰富成果。

　　联系人：山东农业大学　张友鹏　联系电话：0538-8242374

青岛农业大学

　　青岛农业大学海洋科学与工程学院成立于 2012 年 4 月，现有教职工 69 人，其中具有高级专业技术职务的有 32 人。学院拥有国家杰青 1 人、国家"千人计划"1 人、山东省"泰山学者"4 人、山东省现代农业产业技术体系岗位专家 6 人。2018 年水产学科被增列为山东省一流学科。学院设有水产学一级学科硕士点和渔业领域农业推广硕士点，有水产养殖学、海洋资源与环境、水族科学与技术和水生动物医学 4 个本科专业。建有山东省水产动物免疫工程研究中心、山东省协同创新中心、青岛市贝类育种工程研究中心等平台。近 5 年来，学院承担国家自然科学基金等项目 67 项，科研经费 4 000 余万元，发表学术论文 226 篇，SCI 收录 95 篇，授权国家发明专利 44 项，出版专著 3 部，获批水产新品种 3 个，获国家级奖励 1 项、省部级奖励 3 项。

　　联系人：青岛农业大学　　刘兰浩　　联系电话：0532-86550511

烟台大学

　　烟台大学海洋学院的前身是成立于 1951 年的山东省水产学校，2001 年经山东省人民政府批准并入烟台大学。烟台大学海洋学院现有教职工 98 人，有高级专业技术职务 40 人，设有航海技术、轮机工程、海洋渔业科学与技术、海洋科学、水产养殖学、能源与动力工程 6 个本科专业。其中，能源与动力工程专业获批国家级"卓越工程师教育培养计划项目"，海洋科学、水产养殖学和能源与动力工程专业入选"山东省教育服务新旧动能转换专业对接产业专业群"；能源与动力工程专业和海洋渔业科学与技术专业被列入山东省"名校建设工程"项目。学院拥有"海洋科学"1 个一级学科硕士学位点、4 个二级学科硕士学位点，是高端海洋工程装备智能技术、现代海水养殖与食品加工质量安全控制等 4 个山东省协同创新中心的依托单位。近 5 年，学院获批各类科研项目 110 项，科研经费到位近 5 000 万元；发表 SCI、EI 收录论文 80 余篇。获授权国家职务发明专利、实用新型专利 37 项，出版著作 6 部。

　　联系人：烟台大学　冯继兴　联系电话：0535-6705603

山东省海洋生物研究院

　　山东省海洋生物研究院成立于 1950 年，主要从事海洋生物苗种选繁育、增养殖、疫病防控与渔药研发、营养与饵料、水产品加工与质量控制、渔业设施与工程、海洋生物资源与生态环境保护、渔业规划选划等领域的研究，为海洋与渔业的发展提供科学技术咨询、科学知识普及和社会公益服务等。现有在职职工 110 人，其中高级职称专业技术人员 32 人，获得国务院政府特殊津贴以及全国先进工作者、山东省先进工作者等荣誉称号 20 余人次，有 12 个国家和省级科研创新平台，承担科研项目 1 000 余项，取得科研成果近 500 项，获国家发明奖和科技进步奖 9 项，省部级奖 100 余项，创立的筏式养殖、生态工业化养殖和浅海底栖渔业增殖等技术推动了我国海水养殖事业的发展。近年来，研究院始终秉承"崇德、勤业、惟实、探新"的文化理念，开展了"海生＋"渔业科技精准对接，致力于海水绿色养殖和海洋牧场构建，为推动山东省实施乡村振兴战略和海洋强省建设做出应有的贡献。

　　联系人：山东省海洋生物研究院　李翘楚　联系电话：0532-82684701

山东省海洋资源与环境研究院

山东省海洋资源与环境研究院始建于1957年，现有职工181人，高级专业技术人员60余人。拥有国家有突出贡献的中青年专家、山东省有突出贡献的中青年专家、山东省专业技术拔尖人才、享受政府特殊津贴人员等共17人。建院60多年来，研究领域发展为海洋资源与环境调查、开发、保护，海域海岛可持续利用，自然保护地，海水淡化，水产品加工与质量安全，海洋经济与发展战略等诸多学科的50余个研究方向，拥有海洋与渔业司法鉴定资质、海洋测绘资质、食品检验机构资质及海洋环境检验机构资质；拥有海洋生物产业公共服务平台水生动物营养与饲料研发创新与示范中心、山东省海洋生态修复重点实验室、山东省海洋经济动物引育种研究推广中心及省级东营缢蛏良种场等一批国内先进的科研创新平台。先后承担并完成了各类研究课题数百项，获得国家、省部及地市级各类奖励120多项，在国内外专业期刊发表学术论文1 200多篇，授权专利百余项。

联系人：山东省海洋资源与环境研究院　李斌　联系电话：0535-6117266

山东省淡水渔业研究院

　　山东省淡水渔业研究院创建于 1956 年，是山东省唯一的省级淡水渔业科研单位，主要职能包括：淡水水生生物育种、增养殖、疫病防控技术，淡水水生动物营养与饲料，湿地、盐碱地渔业生态利用，生态环境监测与保护等研究工作；淡水渔业水域生态环境监测和评价工作；淡水水产品质量检验等工作。现建有国家级罗非鱼良种场、山东省淡水水产遗传育种重点实验室、山东省淡水渔业监测中心、山东省盐碱地渔业工程技术研究中心等一批先进的科研创新平台。建院以来，共承担各类渔业课题 400 余项，获得各级奖项 100 余项，发表论文 800 余篇，在淡水良种培育与开发、盐碱地渔业综合利用、淡水水产绿色养殖、黄河三角洲渔业资源保护与利用等领域做出了突出贡献。

　　联系人：山东省淡水渔业研究院　　刘峰　　联系电话：0531-87522264

东营市海洋经济发展研究院

现有在职人员19人，其中研究员3人，高级工程师5人，工程师6人，负责全市海洋经济发展战略研究和海洋经济运行情况的调查、监测、评估、信息发布，海洋环境、生态修复与治理政策、方法的研究，渔业新品种、新技术、新工艺的引进、示范、试验和推广应用等工作。建院以来，先后承担国家级、省部级、地市级科研推广项目50余项，取得科研成果20余项，荣获市级以上奖励30余项，其中省部级18项，为东营市海洋经济发展提供了科技支撑。

联系人：东营市海洋经济发展研究院 刘志国 联系电话：0546-8336001

烟台市海洋经济研究院

烟台市海洋经济研究院成立于 1978 年 9 月，2019 年 4 月由烟台市水产研究所更为现名。现有职工 62 人，其中研究员 4 人、高级工程师 18 人。主要从事海洋牧场、海洋生态与水产品增养殖技术研究，水产新品种新技术研发与示范推广，水生动物疫病防控及水产品质量安全保障等工作。

建院以来，共取得科技成果 86 项，获国家级奖励 3 项、省部级奖励 12 项、地市级奖励 43 项。广泛开展国际技术交流，多次承担政府援外任务。作为依托单位，建设了山东省现代农业产业技术体系刺参、鱼类和贝类 3 个创新团队烟台综合试验站。近年来，着力强化和拓展公益服务职能，注重科技创新与成果转化，为烟台市海洋强市建设提供了有力的技术支撑。

联系人：烟台市海洋经济研究院　张岚　联系电话：0535-6920285

济宁市渔业监测站

济宁市渔业监测站位于济宁市高新区同济路 125 号，前身为济宁市渔业环境监测站，1990 年成立，2010 年 12 月更名为济宁市渔业监测站，负责济宁及相邻地区渔业环境、渔业资源、渔业病害及渔业产品质量安全监测工作。

济宁市渔业监测站具有各种功能实验室 28 个，专业技术人员 10 人。依托先进的实验室设备，先后承担完成了国家及省市科研、推广课题 21 项，获全国农牧渔业丰收奖 1 项、省农牧渔业丰收奖 4 项、市科技进步奖 11 项、省海洋与渔业科学技术奖 5 项；起草山东省地方标准 2 项；在《中国水产》《中国渔业质量与标准》《水产养殖》等核心期刊发表科技论文 70 余篇。

联系人：济宁市渔业监测站　时彦民　联系电话：0537-3161495

泰安市水产研究所

泰安市水产研究所（泰安市水生动物检疫检验站）成立于1978年，现有职工 28 人，其中具有高级职称的有 6 人。主要开展淡水养殖技术研究、水生动物检疫检验、名优水产品种苗种繁育和地方优质水产种质资源保护选育工作。建有育种、养殖基地 2 个，面积约 200m^2 的水化、生物实验室 1 处。依托鱼类创新团队泰安综合试验站、省级"四大家鱼"良种场和省级泰山螭霖鱼原种场，开展淡水养殖品种选育和优质苗种繁育、地方优质品种泰山螭霖鱼和东平湖黄河鲤等品种选育，引进推广了斑点叉尾鮰、团头鲂"浦江一号"、湘云鲫等优良品种，集成了池塘节水生态高效养殖技术，完成科研课题 30 余项，为淡水养殖产业发展提供了有力的技术支撑。

联系人：泰安市水产研究所　邹兰柱　联系电话：0538-5827034

日照市海洋与渔业研究所

日照市海洋与渔业研究所现有在职职工 104 人，其中专业技术人员 79 人。占地面积 13.5hm^2，拥有 8 200m^2 的综合研发中心、9 300m^2 的科研温室以及海洋科普馆等设施。建有省级中国对虾良种场、省级大竹蛏原种场、国家虾产业体系日照对虾综合试验站、山东省现代农业产业技术体系刺参产业日照综合试验站、藻类综合试验站、日照市水生野生动物救护站。

建所 60 年来，共获科研成果 60 余项，取得优秀新成果 32 项，申报专利 30 余项，注册商标 2 项，其中获国家发明四等奖 1 项，山东省科技进步二等奖 3 项、三等奖 2 项，多项科研成果达到国际、国内先进水平。

联系人：日照市海洋与渔业研究所　徐有波　联系电话：0633-3382708

滨州市海洋与渔业研究所

　　滨州市海洋与渔业研究所成立于 1979 年 3 月，现有在职职工 15 人，其中高级职称 7 人，中级职称 7 人。建所 40 年来，取得科研成果 65 项，荣获山东省科技进步奖、国家海洋局海洋创新成果等各类奖励 50 项。获得国家知识产权局发布专利 8 项，其中授权发明专利 5 项，实用新型专利 3 项。发表科技论文 170 余篇。实验室建设面积 75m²，配备完善仪器设备，具有生物显微观察解剖、水质监测分析、生物培养和水下动态观测等实验能力。作为建设依托单位，2012 年建设了山东省现代农业产业技术体系刺参创新团队滨州综合试验站，2016 年建设了山东省现代农业产业技术体系贝类创新团队滨州综合试验站，2017 年建设了国家贝类产业技术体系滨州综合试验站。以上三个国家和省级综合试验站的建设，为滨州刺参、贝类产业发展构筑了技术支撑的坚实平台。

　　联系人：滨州市海洋与渔业研究所　　王玉清　　联系电话：0543-3370231

图书在版编目（CIP）数据

水产养殖业绿色发展参考手册：山东省科研创新成果与绿色发展实践/徐涛主编．—北京：中国农业出版社，2020.2
ISBN 978-7-109-26606-3

Ⅰ．①水… Ⅱ．①徐… Ⅲ．①水产养殖业－生态养殖－山东－手册 Ⅳ．①S9-62

中国版本图书馆 CIP 数据核字（2020）第 029747 号

中国农业出版社出版
地址：北京市朝阳区麦子店街 18 号楼
邮编：100125
责任编辑：王金环
版式设计：杨 婧 责任校对：吴丽婷
印刷：中农印务有限公司
版次：2020 年 2 月第 1 版
印次：2020 年 2 月北京第 1 次印刷
发行：新华书店北京发行所
开本：880mm×1230mm 1/32
印张：6
字数：220 千字
定价：38.00 元

版权所有·侵权必究
凡购买本社图书，如有印装质量问题，我社负责调换。
服务电话：010-59195115 010-59194918